Informatik im Fokus

Herausgeber:

Prof. Dr. O. Günther
Prof. Dr. W. Karl
Prof. Dr. R. Lienhart
Prof. Dr. K. Zeppenfeld

Informatik im Fokus

Rauber, T.; Rünger, G.
**Multicore: Parallele
Programmierung.** 2008

El Moussaoui, H.; Zeppenfeld, K.
AJAX. 2008

Behrendt, J.; Zeppenfeld, K.
Web 2.0. 2008

Hoffmann, S.; Lienhart, R.
OpenMP. 2008

Steimle, J.
Algorithmic Mechanism Design. 2008

Bode, A.; Karl, W.
Multicore-Architekturen. 2008

Jürgen Steimle

Algorithmic Mechanism Design

Eine Einführung

 Springer

Jürgen Steimle
Technische Universität Darmstadt
Fachbereich Informatik
Hochschulstr. 10
64289 Darmstadt
steimle@tk.informatik.tu-darmstadt.de

Herausgeber:

Prof. Dr. O. Günther
Humboldt Universität zu Berlin

Prof. Dr. R. Lienhart
Universität Augsburg

Prof. Dr. W. Karl
Universität Karlsruhe (TH)

Prof. Dr. K. Zeppenfeld
Fachhochschule Dortmund

ISBN 978-3-540-76401-4

e-ISBN 978-3-540-76402-1

DOI 10.1007/978-3-540-76402-1

ISSN 1865-4452

Bibliografische Information der Deutschen Nationalbibliothek
Die Deutsche Nationalbibliothek verzeichnet diese Publikation in der Deutschen
Nationalbibliografie; detaillierte bibliografische Daten sind im Internet über
http://dnb.d-nb.de abrufbar.

Einbandgestaltung: KünkelLopka Werbeagentur, Heidelberg

Gedruckt auf säurefreiem Papier

9 8 7 6 5 4 3 2 1

springer.com

Vorwort

Das noch junge Forschungsgebiet des Algorithmic Mechanism Design liegt im Schnittfeld von Algorithmik und Ökonomie. Es bietet Antworten auf die Frage, wie in verteilten Systemen wie z. B. dem Internet oder Ad-hoc-Netzwerken gemeinsame Entscheidungen getroffen werden können, die global effizient sind, obwohl die beteiligten Akteure primär ihre jeweils eigenen Interessen verfolgen. In den vergangenen Jahren ist Algorithmic Mechanism Design in seiner Bedeutung stark gewachsen und hat sich breiter etabliert. So fand die Forschung, die zunächst in der Algorithmik/theoretischen Informatik beheimatet war, inzwischen in weitere Felder, z. B. in Kommunikationsnetzwerke, Eingang und ist somit für einen weit größeren Personenkreis relevant. Parallel zur wachsenden Forschungsbreite wird das Themenfeld auch zunehmend zum Gegenstand universitärer Lehrveranstaltungen.

Bislang mangelt es an Überblickswerken, die die Grundlagen und bisherigen Forschungsergebnisse von Algorithmic Mechanism Design zusammenfassen und somit einen strukturierten Einstieg in dieses neue Gebiet erlauben. Dieses Buch möchte dazu beitragen, diese Lücke zu schließen.

Es wendet sich an Leser, die bereits über Kenntnisse der Grundlagen der Informatik verfügen und an einem Überblick über Algorithmic Mechanism Design interessiert sind. Der Leser wird kompakt und fokussiert anhand von durchgehenden informatikrelevanten Beispielen in dieses Forschungsfeld eingeführt. Bestandteile dieser Einführung sind einerseits die Grundlagen des klassischen Mechanismusdesign aus der Ökonomie, die dem aus der Informatik kommenden Leser weniger bekannt sein dürften. Darauf aufbauend wird ein Überblick über zentrale Problemstellungen und Ergebnisse der aktuellen Forschung im Bereich der Informatik gegeben.

Mein besonderer Dank gilt Professor Dr. Thomas Ottmann und Dr. Peter Leven vom Lehrstuhl für Algorithmen und Datenstrukturen der Universität Freiburg, die mich in zahlreichen Diskussionen mit kritischem Urteil und wertvollen Informationen unterstützt haben.

Darmstadt, Februar 2008   *Jürgen Steimle*

Inhaltsverzeichnis

1

Einleitung

Eine der wesentlichen Neuerungen, die das Internet in die Informatik einführt, besteht in seiner sozioökonomischen Komplexität. Es handelt sich beim Internet nicht um ein homogenes Netzwerk, das von einer einzigen Organisation betrieben oder gesteuert wird, sondern um ein komplexes Zusammenspiel verschiedener Teilnetze, die Besitzern mit unterschiedlichen ökonomischen Interessen gehören. Das Internet hat somit nicht nur die Charakteristika eines Computernetzes, sondern auch die eines Wirtschaftssystems.

Aufgrund dieser sozioökonomischen Komplexität stellen sich grundlegend neue Herausforderungen im Entwurfsprozess der Informatik. Traditionelle Rechnernetze wurden üblicherweise von einer einzigen Organisation, wie einer Forschungseinrichtung oder einem Unternehmen, betrieben. Es konnte daher davon ausgegangen werden, dass Algorithmen und Protokolle von allen – mit Ausnahme von fehlerhaften — Teilsystemen so befolgt werden, wie es vom Entwickler vorgesehen ist. Im Internet mit seiner Vielzahl von ökonomisch eigenständigen Teilnetzen muss man dagegen annehmen, dass die Akteure sich so verhalten, wie es für ihre jeweiligen Besitzer am vorteilhaftesten ist – sie handeln eigennützig und damit nicht unbedingt kooperativ.

Zugleich ergeben sich durch den hohen Grad an Vernetzung zunehmend mehr Szenarien, in denen im Internet eine kooperative Problemlösung nötig ist. Das Routing von Nachrichten ist ein klassisches Beispiel. In zukünftigen Anwendungen könnten schnelle Rechner freie Rechenkapazitäten für CPU-intensive Berechnungen zur Verfügung stellen und große Datenmengen könnten automatisch auf Rechnern mit freiem Festplattenplatz gespeichert werden.

Der Mangel an Kooperationsbereitschaft, der dem eigennützigen Verhalten der Akteure entspringt, kann dazu führen, dass die Akteure einen Algorithmus oder ein Protokoll nicht so befolgen, wie es vom Entwickler vorgesehen ist. Dies führt häufig zu Ergebnissen, die aus Sicht des Systemdesigners und des Gesamtsystems ineffizient sind. So zeigt beispielsweise eine Untersuchung, dass sich in der Peer-to-Peer-Filesharing-Börse Gnutella ca. 70 % der Anwender als Free-Rider verhalten [2], d.h. zwar von den Angeboten der anderen Teilnehmer profitieren, selbst jedoch keine Dateien bereitstellen. Aus Sicht des Systemdesigners, in die wir uns im Folgenden begeben, ist Eigennützigkeit ein Hindernis, das überwunden werden soll, um bessere Ergebnisse zu erzielen. Der zu entwerfende Algorithmus oder das zu entwerfende Protokoll soll robust gegenüber eigennützigen Manipulationsversuchen der Agenten sein.

Algorithmic Mechanism Design

Algorithmic Mechanism Design (AMD) ist ein Untergebiet von Algorithmik, Spieltheorie und Mikroökonomie. Sein Einsatzfeld sind Situationen, in denen nicht-kooperative Akteure gemeinsame Problemlösungen treffen müssen. Dabei untersucht es die Frage, wie garantiert werden kann, dass sich die eigennützigen Akteure an ein vorgesehenes Protokoll halten. AMD nützt dafür den Egoismus der Agenten aus und schafft Anreize für ein korrektes Verhalten: Ein eigennütziger Akteur würde ein insgesamt effizientes Ergebnis zunächst nicht unterstützen, wenn es in seinen Auswirkungen für ihn individuell nachteilig wäre. Wenn nun aber ein Mechanismus eingerichtet wird, der in einem solchen Fall eine Art von Belohnungsleistung an den Akteur vornimmt, z. B. in Form einer Geldzahlung, die seinen individuellen Nachteil bei diesem Ergebnis ausgleicht, so wird der Akteur das insgesamt effiziente Ergebnis ebenfalls bevorzugen und sich somit kooperativ verhalten. Somit werden die Interessen des Systemdesigners und die jedes einzelnen Akteurs auf eine Linie gebracht – es ist dann für die eigennützigen Akteure von Vorteil, sich genau so zu verhalten, wie es der Systemdesigner vorgesehen hat.

Klassisches Mechanismusdesign, das aus der Ökonomie stammt, beschäftigte sich nicht mit Fragestellungen der Informatik. Wichtig war ausschließlich die Überlegung, wie in einem Gemeinwesen effiziente Entscheidungen getroffen werden können. Die algorithmischen Eigenschaften der Mechanismen war dagegen unerheblich. Klassisches Mechanismusdesign wird in der Ökonomie bereits seit über 40 Jahren untersucht. (Kürzlich wurde sogar der Wirtschaftsnobelpreis an die Hauptvertreter der Forschung zum Mechanismusdesign verliehen.) Eingang in die Informatik fand dieses Gebiet als Algorithmic Mechanism Design aber erst gegen Ende des vergangenen Jahrzehnts, als nicht-kooperative Netzwerke zunehmend an Bedeutung gewannen. Dieses Forschungsfeld untersucht die für die Informatik zentralen Fragen der Komplexität von Mechanismen und wie ein Mechanismus effizient algorithmisch implementiert werden kann. Inzwischen wurden zahlreiche Anwendungsfälle dieses neu entstandenen Algorithmic Mechanism Design untersucht.

Dazu gehören u.a. Routing [69, 47, 31, 37, 35, 3, 38, 93, 96], Ressourcen-Sharing in Peer-to-peer-Netzwerken [44, 92, 40] oder das Design von Auktionen für digitale Güter [55, 43, 9].

Mechanismusdesign wird auch als „inverse Spieltheorie" bezeichnet. Während die Spieltheorie Situationen mit nicht-kooperativen Multiagentensystemen betrachtet und untersucht, welche Eigenschaften die entstehenden Ergebnisse besitzen, geht Mechanismusdesign in die entgegengesetzte Richtung: Hier wird von bestimmten gewünschten Ergebniseigenschaften ausgehend untersucht, wie die „Spielregeln" gestaltet werden müssen, damit nicht-kooperative Akteure dieses gewünschte Ergebnis realisieren. Ein Beispiel für einen sehr einfachen Mechanismus mit simplen Spielregeln wäre die Ergebnisbestimmung durch Münzwurf. Dieser einfache Ansatz garantiert aber nicht, dass das Ergebnis bestimmte gewünschte Eigenschaften besitzt. Auktionen sind ein anderes Beispiel für Mechanismen. Diesen liegen komplexere „Spielregeln" zugrunde, die dazu führen, dass das Ergebnis einer Versteigerung eher den Wünschen der Teilnehmer entspricht als die Zufallsentscheidung beim Münzwurf.

Ein Beispielszenario

Betrachten wir die Problemstellung des Routing im Internet. Damit ein Datenpaket vom Sender zum Empfänger gelangt, muss es häufig durch viele Teilnetze, die Dritten gehören, weitergeleitet werden. Da bisher vergleichsweise geringe Datenmengen anfielen, erfolgte die Weiterleitung ohne die Berechnung von Kosten. Durch die Zunahme des Datenverkehrs für bandbreitenintensive Multimedia-Kommunikation und damit verbundene Quality-of-Service-Garantien vermuten Experten, dass diese Praxis nicht beibehalten wird. Stattdessen könnte sich zunehmend ein wirtschaftliches Kalkül durchsetzen, bei dem für die Weiterleitung von Datenpaketen bezahlt werden muss – die Teilnetze verhalten sich nicht mehr kooperativ, sondern eigennützig. Wäre das Internet von einer einzigen Organisation betrieben, würde für die Weiterleitung eines Datenpakets derjenige Weg gewählt, bei dem die geringsten *tatsächlichen* Kosten entstehen. Die eigennützigen Teilnetze werden jedoch taktische Preise für die Weiterleitung festlegen, die nicht unbedingt den ihnen dabei entstehenden wahren Kosten entsprechen. Der Sender, der den Weg wählt, der für *ihn* am kostengünstigsten ist, läuft damit Gefahr, sein Paket über einen ineffizienten Weg zu schicken, der der *Gemeinschaft* der Teilnetze höhere Kosten verursacht als nötig. Die Einrichtung eines Mechanismus kann dieses Problem beheben, indem der Mechanismus in den „Spielregeln" bestimmte Ausgleichszahlungen so definiert, dass die Teilnetze einen Anreiz haben, ihre wahren Kosten zu deklarieren.

Zum Aufbau dieses Buches

Dieses Buch hat zum Ziel, den Leser in dieses Forschungsgebiet von wachsender Bedeutung einzuführen, wobei sowohl grundlegende Fragen als auch Lösungsansätze für zentrale Probleme, die sich im AMD ergeben, dargestellt werden sollen. Dafür wurden die aktuellen Forschungspublikationen – hauptsächlich Veröffentlichungen der Tagungsbände der Association for Computing Machinery (ACM) – in Zusammenhang gebracht, grundlegende Ergebnisse dargestellt und, soweit möglich, anhand von Beispielen von Internetanwendungen veranschaulicht. Zu bemerken bleibt, dass diese Einführung nicht den Anspruch hat, sämtliche in der Forschung untersuchten Gebiete von AMD vorzustellen. So werden u.a. der Ansatz, Computertechniken zum Finden von guten Mechanismen einzusetzen (Automated

Mechanism Design) und der Entwurf von Mechanismen für dynamische Multiagentensysteme nicht diskutiert.

Das folgende Kapitel führt anhand des Beispiels von Auktionen und von Shortest-Path-Routing zunächst in die Grundlagen des Algorithmic Mechanism Design ein. Dabei werden sowohl die ökonomischen und spieltheoretischen Konzepte als auch die für die theoretische Informatik zentralen Komplexitätsüberlegungen dargestellt.

Im dritten Kapitel werden wir sehen, dass es wichtige Mechanismen gibt, die nicht effizient algorithmisch implementierbar sind. Am Beispiel der kombinatorischen Auktion soll dargestellt werden, welche theoretischen Probleme auftreten und welche konzeptionellen Lösungen denkbar sind.

Distributed Mechanism Design, eine neue Forschungsrichtung im Algorithmic Mechanism Design, untersucht die Gestaltung von verteilten Mechanismen. Dieser Ansatz, der für viele Anwendungen in dezentralen Netzwerken wie dem Internet besonders geeignet erscheint, soll schließlich im letzten Kapitel vorgestellt werden. Durch die verteilte Berechnung ergeben sich – speziell in Peer-to-Peer-Netzwerken – neue Problematiken, für die aktuelle Lösungsansätze aufgezeigt werden sollen. In diesem letzten Kapitel wird das Routing-Beispiel des zweiten Kapitels wieder aufgegriffen. Diesmal steht jedoch die Nähe zur Praxis im Vordergrund. Ausgehend vom Border-Gateway-Protokoll, das im Internet derzeit das Standardprotokoll für Interdomain Routing ist, soll ein verteilter Mechanismus vorgestellt werden, der im Wesentlichen zu dem ihm zugrunde liegenden Border-Gateway-Protokoll kompatibel ist.

Grundlagen des Algorithmic Mechanism Design

Algorithmic Mechanism Design liegt im Schnittfeld von Mikroökonomie und Algorithmik. Es übernimmt die mikroökonomische Basis des klassischen Mechanismusdesign und kombiniert diese mit aus der Informatik stammenden Fragestellungen und Methoden. Die mikroökonomischen Grundlagen dürften für die meisten der aus der Informatik kommenden Leser unbekanntes Terrain darstellen. Deshalb bietet dieses Kapitel eine kompakte Einführung in das klassische Mechanismusdesign und bildet so die Basis für das Verständnis der folgenden Kapitel, die dann Fragestellungen der Informatik ins Zentrum rücken. Leser, die bereits mit dem klassischen Mechanismusdesign vertraut sind, können die folgenden Abschnitte überspringen und direkt zu Kapitel 2.7 zur Komplexität von Mechanismen übergehen.

Im Folgenden wird zunächst das Basismodell für Mechanismen eingeführt und darauf aufbauend wichtige Eigenschaften von Mechanismen diskutiert. Wir werden dann der Frage nachgehen, auf welche Art und Weise eigennützige Akteure von Mechanismen dazu veranlasst werden können, ein bestimmtes gewünschtes Verhalten anzunehmen, und welche spieltheoretischen Konzepte dafür benötigt werden. Diese Fragen werden an zwei durchgehenden Beispielen veranschaulicht. Diese sind zum einen das Beispiel einer Auktion, welches im klassischen Mechanismusdesign häufig herangezogen wird, und zum anderen das Beispiel des Shortest-Path-Routing, das eine konkrete Anwendung von Algorithmic Mechanism Design im Internet zeigt. Unsere Definitionen folgen der einschlägigen wirtschaftswissenschaftlichen Literatur und sind, wenn nicht anders angegeben, in [60, Kapitel 23] zu finden.

Mechanismusdesign wird in Situationen eingesetzt, in denen eine Entscheidung getroffen werden soll, an der verschiedene Akteure beteiligt sind. Die Entscheidung hängt dabei von Informationen ab, die nur den jeweiligen Akteuren privat bekannt sind, beispielsweise den ihnen entstehenden Kosten. Gleichzeitig betrifft die Entscheidung in ihren Auswirkungen aber alle Akteure. Mechanismusdesign nimmt dabei an, dass die Akteure unterschiedliche Interessen haben und diese eigennützig und nicht-kooperativ verfolgen. Trotz dieses egoistischen Verhaltens soll eine für die Gemeinschaft effiziente Entscheidung gewährleistet werden. In diesem Spannungsfeld sind Mechanismen das Mittel der Wahl, um die zu erwartenden Konflikte zwischen privaten Interessenlagen und Auswirkungen auf andere Akteure aufzulösen.

Eine solche Situation könnte beispielsweise eine Auktion sein, in der die Akteure als Bieter um ein zu versteigerndes Objekt konkurrieren. Die private Information der Akteure ist dann der Preis, den sie bereit sind, für das zu versteigernde Objekt zu bezahlen. Im Mechanismusdesign wird meist angenommen, dass eine Entscheidung dann für die Gemeinschaft effizient ist, wenn sie die höchstmögliche Zufriedenheit unter der Gesamtheit der Agenten herstellt. Dies muss *nicht* mit einer Maximierung des Einkommens des Auktionators einhergehen, wie man es von üblichen Auktionen vielleicht erwarten könnte. Neben dieses utilitaristische Ziel, das im klassischen Mechanismusdesign das am häufigsten herangezogene ist, trat in jüngerer Zeit vermehrt Forschung zu einkommensmaximierenden Mechanismen, die beispielsweise für gewerbliche Auktionen von Bedeutung sein können.

Um die Entscheidungsfindung zu seinen Gunsten zu beeinflussen, wird jeder eigennützige Akteur versucht sein, seine privaten Informationen unter Umständen falsch mitzuteilen: Vielleicht könnte er ja einen geringeren Preis bieten und bekommt dennoch den Zuschlag? Durch dieses eigennützige Kalkül gefährden die Akteure aber ein effizientes Ergebnis. So könnte es sein, dass der Akteur, für den das Objekt den höchsten Wert darstellt, der also eigentlich den Zuschlag bekommen sollte, einen niedrigeren Preis bietet, in der Hoffnung, trotzdem den Zuschlag zu bekommen und weniger bezahlen zu müssen. Dieses Gebot läuft dann jedoch Gefahr, unter demjenigen eines anderen Akteurs zu liegen. Dann bekäme ein anderer Agent das Objekt, obwohl es für ihn eigentlich einen geringeren Wert darstellt.

Das Problem im Finden einer effizienten Entscheidung besteht also darin, dass die privaten Informationen der Akteure nicht öffentlich bekannt sind – andernfalls könnte sehr einfach eine effiziente Entscheidung getroffen werden. Ein Mechanismus wird daher zu dem Zweck eingerichtet, mit einem ausgeklügelten Anreizsystem die Akteure dazu zu bewegen, ihre privaten Informationen korrekt mitzuteilen. Dann kann er ein global effizientes Ergebnis berechnen.

2.1 Zur Notwendigkeit von Mechanismusdesign

Zunächst sollten wir einen Schritt zurücktreten und uns mit der Frage beschäftigen, ob in Situationen, in denen eigennützige Akteure gemeinsam eine Entscheidung treffen müssen, überhaupt ein Mechanismus zur Entscheidungsfindung benötigt wird. Es wäre ja denkbar, dass sich über den Wettbewerb eines freien Marktes automatisch eine effiziente Lösung einpendelt. Dass es aber durchaus Situationen gibt, in denen der freie Markt beim Finden einer effizienten Lösung versagt, zeigt folgendes Beispiel eines Routing-Problems, das aus der Verkehrsplanung stammt und als Braess-Paradoxon [13] bekannt ist:

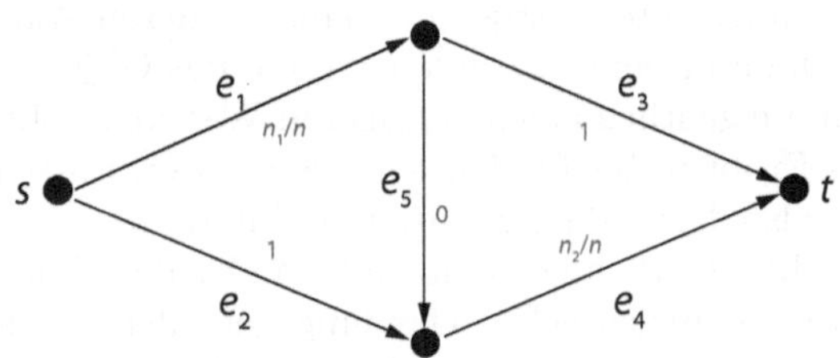

Abb. 2.1. Das Braess-Paradoxon

Gegeben sei ein gerichteter Graph $G = (V, E)$ wie in Abb. 2.1 und eine Kostenfunktion $c : E \to \mathbb{R}$, die jeder Kante e einen reellen Kostenwert (in einer beliebigen Währung) zuordnet, der entsteht, wenn ein Datenpaket über diese Kante gesendet wird. Es nehmen n Agenten teil, die jeweils eine Nachricht von Knoten s zu Knoten t senden wollen. Ein Agent kann eine Person sein, aber auch ein technisches System, ein Unternehmen oder eine sonstige Organisation. Die Agenten können den Weg für ihre Nachricht im Graphen selbst wählen und versuchen dabei, eigennützig die ihnen jeweils entstehenden Kosten zu minimieren. In unserem Beispiel entstehen bei den Kanten e_2 und e_3 Kosten in Höhe von 1, bei Kante e_5 entstehen keine Kosten. Die Kanten e_1 und e_4 verursachen Kosten in Höhe des Bruchteils der Agenten, die ihre Nachricht über diese Kante senden. Wenn beispielsweise $\frac{n}{2}$ der Agenten ihre Nachricht über Kante e_1 schicken, entstehen für jede Nachricht Kosten in Höhe von $\frac{1}{2}$.

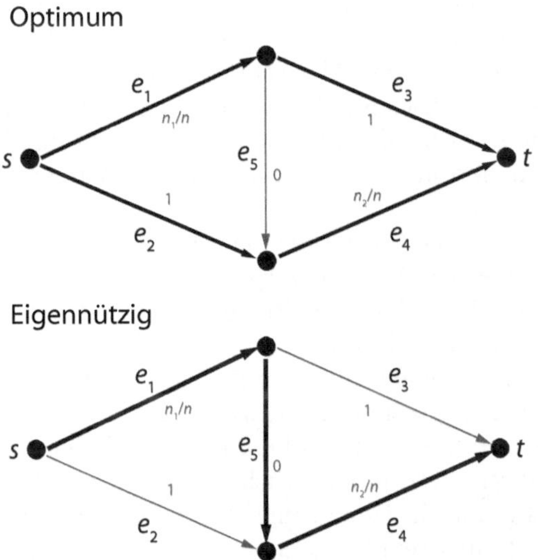

Abb. 2.2. Optimale Wegewahl und Wegewahl von eigennützigen Agenten

Bei genauerer Betrachtung sehen wir, dass das Optimum für die Gemeinschaft der Agenten dann eintritt, wenn die Hälfte der Agenten den oberen Weg über die Kanten $e_1 - e_3$ und die andere Hälfte den unteren Weg $e_2 - e_4$ wählt (Abb. 2.2 oben). Jedem Agenten entstehen damit die Kosten $c_{s,t_{Opt}} = 1,5$.

Welches Ergebnis entsteht nun, wenn sich die Agenten rein eigennützig verhalten und keine Koordination von außen erfolgt? Alle Agenten werden den Weg über die Kanten $e_1 - e_5 - e_4$ wählen (Abb. 2.2 unten), da $c_{e_1} \leq c_{e_2}$ und $c_{e_4} \leq c_{e_3}$. Es entstehen damit jedem Agenten die höheren Kosten $c_{s,t_{Nash}} = 2$. Wie leicht erkennbar ist, hat keiner der Agenten einen Anreiz, einseitig von seiner gewählten Lösung abzuweichen. Eine solche Situation wird in der Ökonomie als *Nash-Gleichgewicht* bezeichnet (dazu mehr in Abschnitt 2.5). Das Gesamtergebnis könnte nur durch eine gemeinsame Abweichung mehrerer Agenten verbessert werden. Dies ist aber gerade in Internetanwendungen häufig nicht möglich, da die Agenten nicht miteinander in Kontakt sind und somit keine verbindlichen Absprachen treffen können.

Papadimitriou führte für das Verhältnis der *Kosten des schlechtesten Nash-Gleichgewichts* zu den *optimalen Kosten* den Begriff des *Price of Anarchy* ein [73]. Dieser Preis fehlender Kooperation ist ansatzweise vergleichbar mit dem Preis fehlender unbegrenzter Berechnungsressourcen bei Approximationsalgorithmen oder mit dem Preis fehlender Informationen bei Online-Algorithmen. Auch bei diesen führen bestimmte Beschränkungen nämlich dazu, dass häufig nur ein suboptimales Ergebnis berechnet werden kann. In unserem Beispiel beträgt der *Price of Anarchy* $\frac{c_{s,t_{Nash}}}{c_{s,t_{Opt}}} = \frac{3}{4}$. Je geringer dieser Wert ist, desto größer sind die potenziellen Verbesserungsmöglichkeiten durch die Verwendung eines Mechanismus, der die fehlende Kooperationsbereitschaft der Agenten ganz oder zumindest teilweise kompensiert.

Wenn wir für unser Beispiel einen Mechanismus entwerfen, der von den Agenten für die Benutzung der Kante e_5 eine zusätzliche Bezahlung in Höhe von 1 verlangt, so werden die Agenten durch ihr eigennütziges Verhalten die optimale Gesamtsituation erreichen. Es ist dann ein Gleichgewicht zu erwarten, das darin besteht, dass die eine Hälfte der Agenten den oberen Weg, die andere Hälfte den unteren Weg wählt.

Wir haben an diesem Beispiel gesehen, dass es zu deutlichen Effizienzeinbußen führen kann, wenn das Ergebnis einzig dem eigennützigen Verhalten der Agenten überlassen wird. Durch das Setzen von Rahmenbedingungen kann ein Mechanismus das Gesamtergebnis demgegenüber häufig deutlich verbessern.

2.2 Shortest-Path-Routing als Beispiel

Die Grundlagen des Mechanismusdesign sollen im Folgenden anhand des Beispiels von Shortest-Path-Routing vorgestellt werden.

Die Problemstellung des Netzwerkrouting über kürzeste Wege wurde im Mechanismusdesign erstmals in [69] betrachtet, ein einflussreicher Artikel, der die Forschungsrichtung des Algorithmic Mechanism Design explizit begründet hat. Seitdem wurde Shortest-Path-Routing im Mechanism Design vielfach untersucht [18, 31, 37, 35, 39, 38, 47, 3, 8], da es sich aus verschiedenen Gründen anbietet. Einerseits handelt es sich dabei um ein repräsentatives Task-Allokationsproblem mit einfachen kombinatorischen Eigenschaften. Für das Finden von kürzesten Pfaden in Graphen stehen zudem effiziente Algorithmen zur Verfügung, z. B.

der Algorithmus von Dijkstra [25, 21, Kap. 24.3]. Viele Task-Allokationsprobleme sind auf Shortest-Path-Routing reduzierbar. Dafür existiert auch eine generelle Reduktionsmethode [22].

Gegeben sei ein gerichteter Graph $G = (V, E)$, der das Netzwerk repräsentiert. Es sollen Datenpakete von einer Quelle a zu einer Senke b übermittelt werden. Das Netzwerk ist jedoch nicht im Besitz einer einzigen Organisation, sondern gehört vielen unterschiedlichen Akteuren, die jeweils eine Kante besitzen. Eine Kante in G können wir uns als ein Teilnetz im Internet vorstellen, ein Knoten als eine Verbindung zwischen mehreren Teilnetzen. Die Akteure, die eine Person, aber auch ein technisches System, ein Unternehmen oder eine sonstige Organisation sein können, bezeichnen wir analog zur Terminologie der Spieltheorie als *Agenten*. Bei der Weiterleitung eines Datenpaketes entstehen dem betroffenen Agenten Kosten. Diese drücken wir mit Hilfe einer Kostenfunktion $c : E \to \mathbb{R}$ aus, die jeder Kante in G einen reellen Kostenwert in einer beliebigen gemeinsamen Währung zuordnet. Dieser Wert sei stets nichtnegativ. Ein Beispiel für einen solchen Graphen findet sich in Abb. 2.3. Der günstigste Weg von a nach b ist hervorgehoben.

Die Agenten verhalten sich *rational*, das heißt, sie versuchen, ihren eigenen Profit zu maximieren und gehen davon aus, dass sich die übrigen Agenten ebenso verhalten. Unser Ziel ist es, ein gesamtgesellschaftlich optimales Ergebnis zu sichern – hier entspricht das dem Pfad von a nach b, bei dem der Gesamtheit der Agenten die geringsten tatsächlichen Kosten entstehen. Um diesen günstigsten Pfad zu berechnen, muss der Mechanismus die wahren Kosten der Kanten kennen. Diese Kosten sind jedoch, wie in der Wirtschaft häufig üblich, ein Betriebsgeheimnis der Agenten. Wir können uns somit ausschließlich auf die Angaben der Agenten

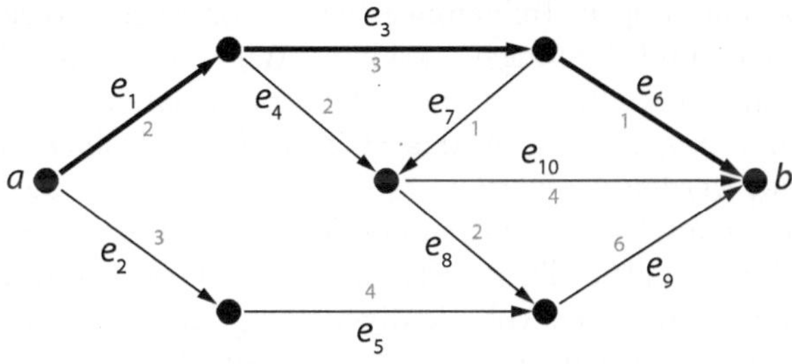

Abb. 2.3. Ein einfacher Graph für das Shortest-Path-Problem

stützen, die nicht unbedingt korrekt sein müssen. Falsche Angaben könnten jedoch dazu führen, dass ein global nicht optimales Ergebnis – ein anderer als der kürzeste Pfad – gewählt würde. Unser Ziel ist es deshalb, mittels bestimmter Anreize die Agenten dazu zu bewegen, ihre wahren Kosten zu deklarieren.

Um eine erste grobe Vorstellung eines Mechanismus zu bekommen, verlassen wir kurz das Shortes-Path-Beispiel und denken an eine Auktion. Darin deklarieren die Teilnehmer Werte, die ihnen zunächst nur privat bekannt sind, nämlich wieviel sie für das zu versteigernde Exponat bezahlen wollen. Je nach Strategie kann ein Bieter genau diesen Wert bieten oder er versucht, die Strategien der anderen Bieter einzuschätzen und vielleicht einen geringeren Wert zu bieten. Dann bestimmt der Auktionator auf Basis der Gebote aller Teilnehmer ein Ergebnis, das für alle bindend ist und sie in seinen Auswirkungen betrifft. Begleitet wird das Ergebnis von Ausgleichszahlungen: Üblicherweise muss der Bieter, der den Zuschlag bekommen hat, einen entsprechenden Wert an den Auktionator bezahlen. Dieses uns allen wohlbekannte Szenario ist bereits ein einfacher Mechanismus. Wesentliche Elemente sind also der private Typ der eigennützigen Teilnehmer, deren Strategien sowie die Ergebnis- und Zahlungsfunktionen. Wir werden im Folgenden sehen, dass dieser einfache Auktionsansatz mit leichten Veränderungen auch auf das Shortest-Path-Problem angewendet werden kann. Hier ersteigern jedoch nicht die Teilnehmer ein Objekt, sondern der Auktionator ersteigert *von* den Teilnehmern, die jeweils einzelne Netzwerkverbindungen anbieten, einen vollständigen Weg von a nach b. Wir werden dies im Folgenden genauer erläutern.

2.3 Das Modell

2.3.1 Typ t

Betrachten wir das Mechanismusdesign-Problem nun formaler. Es seien n Agenten gegeben. Es wird angenommen, dass diese sich rational verhalten, sie also versuchen, ihren eigenen Profit zu maximieren und davon ausgehen, dass sich die übrigen Agenten ebenso verhalten. Dieses rationale Agentenverhalten ist die Verhaltensweise, die den Überlegungen im Mechanismusdesign üblicherweise zugrunde liegt. Daneben ist natürlich auch anderes Verhalten vorstellbar, z. B. altruistisches Verhalten, bei dem Agenten mit ihrem Verhalten beabsichtigen, anderen Agenten zu helfen, oder sogenanntes byzantinisches Verhalten, das darauf abzielt, anderen Agenten Schaden zuzufügen. Inzwischen wird vereinzelt auch solches Verhalten im Mechanismusdesign modelliert (z. B. [62, 78]), die Standardannahme ist und bleibt jedoch die des rationalen Verhaltens. Um unser Modell einfach zu halten, folgen wir der Standardliteratur und beschränken uns im Folgenden auf rationales Verhalten.

Jeder der Agenten hat bestimmte private Eigenschaften oder Informationen, die für eine Lösung des Problems wichtig sind. Diese Informationen von Agent i ($i \in \{1, \ldots, n\}$),

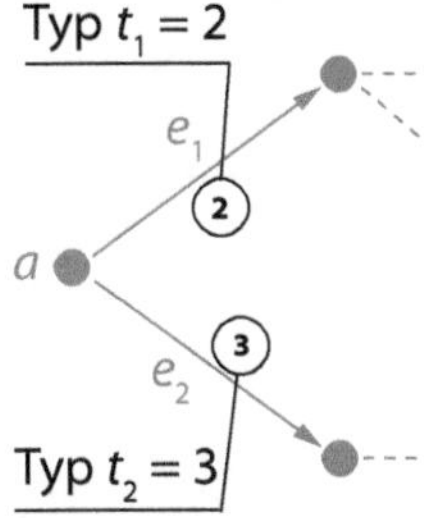

Abb. 2.4. Der Typ der Agenten beim Shortest-Path-Routing

die nur ihm selbst bekannt sind, werden als sein *Typ* $t_i \in T$ bezeichnet. Es gilt: $T = \mathbb{R}$. In dem Shortest-Path-Problem entspricht der Typ t_i den Kosten, die dem Agenten i bei der Weiterleitung einer Nachricht auf seiner Kante entstehen (Abb. 2.4). In unserem Beispielgraphen hat der Agent, der die Kante e_1 besitzt, den Typ $t_1 = 2$. Der Agent der Kante e_2 hat den Typ $t_2 = 3$. Wir schreiben t für den Typvektor $(t_1, \ldots, t_n)$ aller Agenten und t_{-i} für den Typvektor $(t_i, \ldots, t_{i-1}, t_{i+1}, \ldots, t_n)$ aller Agenten außer Agent i. In leicht informeller Notation wird der Vektor t üblicherweise auch durch (t_i, t_{-i}) ausgedrückt. Außer den Typen sind bei einem Mechanismusdesign-Problem alle anderen Informationen, z. B. die Anzahl der Agenten, die Struktur des Graphen G etc., öffentlich bekannt.

2.3.2 Ergebnis o

Es soll ein Ergebnis für eine gemeinsame Aufgabenstellung gefunden werden. Dafür wird ein Mechanismus eingerichtet. Dieser ist eine den Agenten gegenüber neutrale Instanz und kann typischerweise vom Staat, einer Organisation oder einem Unternehmen betrieben werden oder entsteht aus einer Interessengemeinschaft der beteiligten Agenten. Er hat die

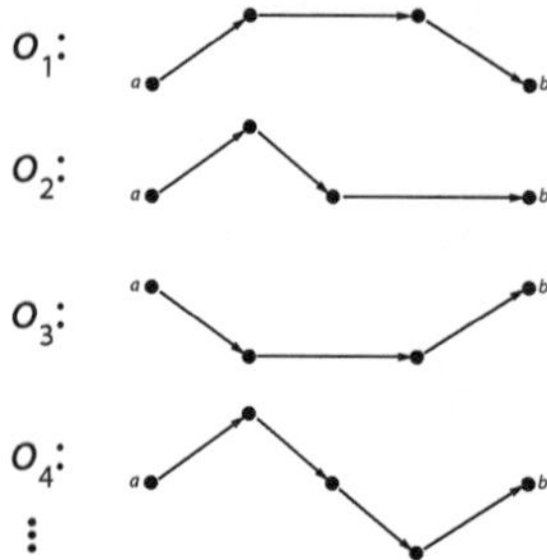

Abb. 2.5. Einige Elemente der Ergebnismenge beim Shortest-Path-Routing

Aufgabe, ein Ergebnis o (von engl.: *outcome*) mit gewünschten Eigenschaften aus einer Menge möglicher Ergebnisse $\mathcal{O}$ zu wählen. So entspricht im Shortest-Path-Beispiel die Menge $\mathcal{O}$ der Menge der Wege von a nach b. Einige mögliche Ergebnisse sind in Abb. 2.5 dargestellt. Ergebnis o_1 entspricht dem kürzesten Pfad im Graphen der Abb. 2.3. Der Shortest-Path-Mechanismus muss eine Entscheidung für einen der möglichen Wege treffen.

In diesem Kapitel beschränken wir uns auf *zentralisierte* Mechanismen, also Mechanismen, die eine von den Agenten unabhängige zentrale Instanz darstellen. Die Agenten deklarieren an diesen zentralen Mechanismus ihre privaten Informationen, die von ihrem Typ abhängen. Diese Angaben können korrekt oder falsch sein und werden deshalb als Strategien s bezeichnet. Daraufhin bestimmt der Mechanismus abhängig von diesen Deklarationen ein Ergebnis o. Damit sich die eigennützigen Agenten auf eine sozial gerechte Entscheidung einlassen und nicht versuchen, die Ergebnisbestimmung durch falsche Typangaben in ihrem Sinne zu beeinflussen, kann der Mechanismus mittels Ausgleichszahlungen p_i für jeden Agenten ein Anreizsystem definieren. Dieses Szenario eines zentralisierten Mechanismus ist in Abb. 2.6 dargestellt.

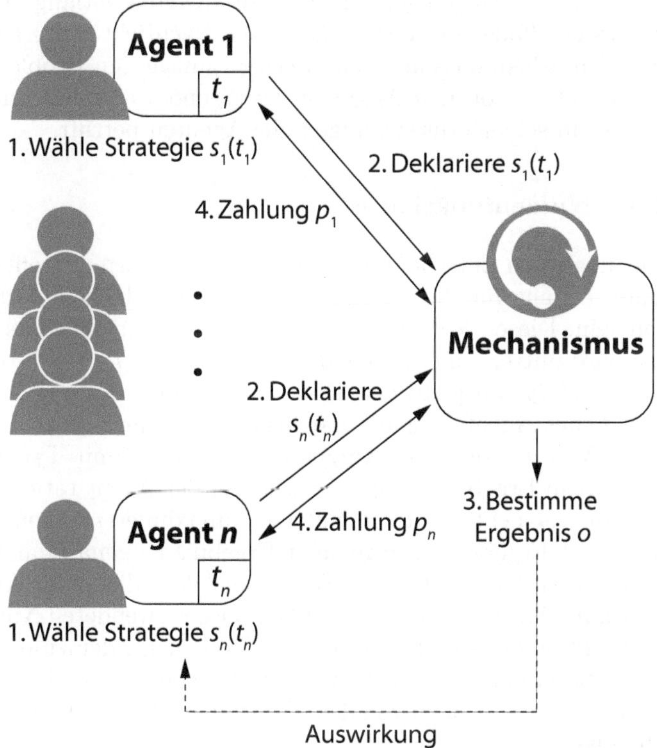

Abb. 2.6. Die Struktur eines zentralisierten Mechanismus

Die Entscheidungsfindung durch den Mechanismus beim Shortest-Path-Routing kann man sich ähnlich einer Auktion vorstellen: Zunächst gibt jeder Agent in einem Gebot an den Mechanismus an, welche Kosten ihm bei der Weiterleitung eines Datenpaketes entlang seiner Kante entstehen. Davon abhängig berechnet der Mechanismus das Ergebnis, das heißt den günstigsten Pfad von a nach b, und eventuelle Zahlungen. Diejenigen Agenten, die Kanten entlang des kürzesten Pfades besitzen, müssen die Nachricht weiterleiten. Wir sehen, dass in einem Mechanismusdesign-Problem das Ergebnis von den Angaben der Agenten abhängt und dass es in seinen Auswirkungen alle Agenten betrifft.

2.3.3 Nutzenfunktion u

Die möglichen Entscheidungen, die ein Mechanismus treffen kann, können für die Agenten von unterschiedlichem Nutzen sein. Dieser Nutzen einer Entscheidung für den Agenten wird mittels einer *Nutzenfunktion* $u_i : \mathcal{O} \times T \to \mathbb{R}$ (von engl.: *utility*) ausgedrückt. Die Funktion ordnet für jeden Typ t_i des Agenten jedem möglichen Ergebnis o einen reellen Wert zu, der dem Nutzen des Agenten i mit Typ t_i bei diesem Ergebnis entspricht. Da sich der Agent rational verhält, versucht er, diesen Nutzen zu maximieren: Agent i präferiert Ergebnis o_1 gegenüber Ergebnis o_2 genau dann, wenn $u_i(o_1, t_i) > u_i(o_2, t_i)$. Wir sehen, dass dieser im Algorithmic Mechanism Design üblichweise verwendeten Nutzenfunktion ein simples Modell zugrunde liegt, demzufolge der Nutzen eines Agenten nur vom eigenen Typ und dem Ergebnis, nicht jedoch von den Typen der anderen Agenten abhängt.

Das Nutzenmodell, das im Algorithmic Mechanism Design am weitesten verbreitet ist und das wir auch hier zugrunde legen, ist das *quasilineare Nutzenmodell*. Es hat den Vorteil der analytischen Einfachheit und ist ein beliebtes Näherungsmodell. Das quasilineare Nutzenmodell besagt, dass der Nutzen in Geld (einer beliebigen gemeinsamen Währung) gemessen werden kann. Er ist diesem Modell zufolge additiv aufteilbar in einen Nutzen durch Geldzahlungen p_i und den *Wert* v_i (engl.: *value*), der sich für den Agenten aus dem Ergebnis o ergibt und ebenfalls in Geld messbar ist. Die quasilineare Nutzenfunktion nimmt damit folgende Form an:

$$u_i(o, p_i, t_i) = v_i(o, t_i) + p_i$$

wobei $v_i : \mathcal{O} \times T \to \mathbb{R}$ den Wert ausdrückt, den ein Ergebnis $o \in \mathcal{O}$ für Agent i hat, und p_i eine Ausgleichszahlung vom Mechanismus an den Agenten ist.[1]

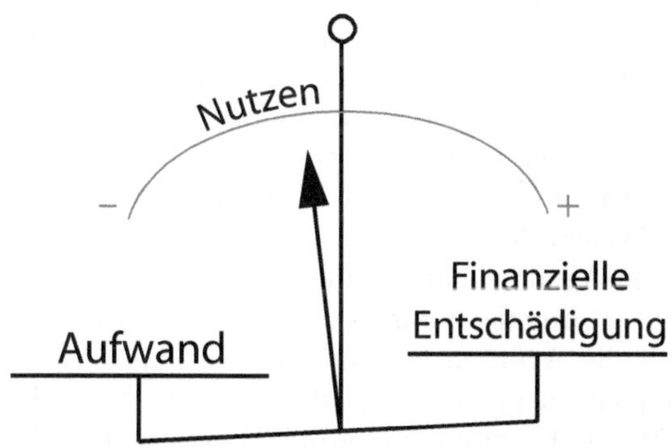

Abb. 2.7. Das quasilineare Nutzenmodell. Ist z. B. der Aufwand höher als die finanzielle Entschädigung, so führt dies zu einem negativen Nutzen

Im Beispiel des Shortest-Path-Routing gilt für v_i:

[1] Später, wenn wir Strategien s und Mechanismen mit Ergebnisfunktion g und Zahlungsfunktionen p_i definiert haben, werden wir die quasilineare Nutzenfunktion häufig auch in Abhängigkeit von Strategien ausdrücken: $u_i(s, t_i) = v_i(g(s), t_i) + p_i(s)$.

$$v_i = \begin{cases} -t_i & \text{wenn gemäß Ergebnis } o \text{ Agent } i \text{ eine} \\ & \text{Nachricht weiterleiten muss} \\ 0 & \text{sonst} \end{cases}$$

Das bedeutet, der Agent hat einen nicht-positiven Wert, falls er eine Nachricht weiterleiten muss, da die Weiterleitung für ihn einen Aufwand bedeutet. Der entstehende nicht-positive Wert kann durch eine Zahlung vom Mechanismus an den Agenten ausgeglichen werden. Solange der Wert der Ausgleichszahlung höher ist als die dem Agenten entstehenden Kosten, also wenn $p_i > |v_i|$, ist sein Nutzen positiv – er profitiert von der getroffenen Entscheidung. Dieser Zusammenhang ist in Abb. 2.7 illustriert. Der Wert, der dem Agenten entsteht, wenn er keine Nachricht weiterleiten muss, wird mit 0 angenommen. In dem sehr einfachen Nutzenmodell, das dem Mechanismusdesign üblicherweise zugrunde liegt, ist dem Agent nur der eigene Nutzen wichtig. Welche Auswirkungen ein Ergebnis auf die anderen beteiligten Agenten hat, ist für ihn unerheblich.

Darüber hinaus impliziert dieses quasilineare Modell, dass sich die Agenten *risikoneutral* verhalten: Damit sein Nutzen nicht negativ wird, ist ein Agent niemals bereit, mehr für ein Ergebnis zu bezahlen, als es ihm Wert ist, bzw. weniger zu verlangen, als die ihm tatsächlich entstehenden Kosten. Außerdem gibt es keine *Einkommenseffekte*, das heißt, die Bezahlung p_i beeinflusst nicht den Wert v_i. Annahmen wie „die Entscheidung o hat erst dann für mich einen positiven Wert v_i, wenn ich mindestens eine bestimmte Summe p_i bezahlt bekomme", beispielsweise für aus dem Ergebnis resultierende nötige Investitionen, sind in diesem relativ einfachen Modell somit nicht vorgesehen.

2.3.4 Strategie s

Wir haben gesehen, dass die Agenten bestimmte Ergebnisse bevorzugen und dass die Wahl des Ergebnisses von ihren Typdeklarationen abhängt. Nun sind diese Typen ja aber nicht öffentlich bekannt, was es den Agenten erlaubt, sich durch eventuelle Falschangaben strategisch zu verhalten, um ihren eigenen Nutzen zu vergrößern.

Wovon hängt die Wahl einer Strategie ab? Zum einen sicherlich vom eigenen Typ, andererseits eventuell aber auch von den Strategien der anderen Agenten oder von den Strategien, die der Agent vermutet. Strategien lassen sich anschaulich an einem Pokerspiel verdeutlichen: Spieler i wählt eine Strategie $s_i \in \Sigma$, die ihm für sich selbst am vorteilhaftesten erscheint. Die Wahl dieser Strategie ist abhängig von seinem eigenen Typ, d. h.'den Karten, die er auf der Hand hält, und den Strategien der übrigen Mitspieler oder den Strategien, die Spieler i von ihnen erwartet. Eine Strategiewahl äußert sich immer in öffentlichen Aktionen, hier dem Spielen einer Karte.

Wir definieren die Strategie als eine Funktion in Abhängigkeit vom eigenen Typ und (optional) den Strategien der übrigen Mitspieler: $s_i : T \times \Sigma^{n-1} \to \Sigma$. In vielen Fällen im Algorithmic Mechanism Design und auch in unserem Beispiel genügt eine Beschränkung auf den eigenen Typ, woraus sich folgende Definition ergibt: $s_i : T \to \Sigma$. Die Berücksichtigung der Strategien der übrigen Spieler ist in Nash- und Bayesschen Gleichgewichten nötig. Siehe dazu Abschnitt 2.5. Im Folgenden werden wir die Abhängigkeit der Strategie vom Typ häufig implizit lassen und die vom Agenten gewählte Strategie kurz mit s_i bezeichnen.

Beim Shortest-Path-Beispiel ist die Strategiemenge Σ ziemlich einfach beschaffen. Alle Agenten machen zu Beginn eine Typdeklaration, auf Grund derer der Mechanismus das

Ergebnis, d. h. die Wahl des Pfades von a nach b bestimmt. Ein solcher Mechanismus wird als *direkt-enthüllender Mechanismus* bezeichnet. Die Strategie der Agenten besteht also nur in der Typdeklaration $\hat{t}_i = s_i(t_i)$. Wir setzen also: $\Sigma = T$. Dieser Typ kann wahrheitsgemäß deklariert oder es kann ein falscher Typ angegeben werden. Entstehen Agent i durch die Weiterleitung eines Datenpakets beispielsweise Kosten in Höhe von 6, hat er also den Typ $t_i = 6$, so könnte seine Strategie darin bestehen, höhere Kosten zu deklarieren, z. B. $\hat{t}_i = 8$, um seinen Profit zu vergrößern.

Grundsätzlich sind natürlich komplexere Strategien als nur eine Typdeklaration denkbar. Betrachten wir dazu das Beispiel einer klassischen englischen Auktion, bei der ein Gegenstand vom Mechanismus (dem Auktionator) versteigert wird. Im Gegensatz zu den bisher betrachteten Auktionen, bei denen die Bieter zu Beginn der Auktion ein geheimes Gebot abgeben, handelt es sich hier um eine iterative Auktion. Hier geben die Bieter wiederholt offene Gebote ab, die jeweils höher als das letzte Gebot eines anderen Bieters sein müssen. Wer nicht mehr bieten will, steigt aus. Den Zuschlag bekommt bei diesem Auktionstyp der Bieter mit dem höchsten Gebot, der als letzter unter der Menge der Bieter übrig bleibt. Er muss genau die Summe seines Gebots an den Auktionator bezahlen. Es konkurrieren n Agenten um den Zuschlag. Agent i habe Typ $t_i = 100$, das bedeutet, er ist bereit, maximal 100 für den Gegenstand zu bezahlen. Sei p_k der aktuelle höchste Gebotspreis und $p_{k+1,i}$ das Gebot von Agent i in der folgenden Auktionsrunde. Es gilt $p_1 \leq p_2 \leq \ldots p_n$. Eine Strategie s_i könnte dann beispielsweise wie folgt aussehen:

$$s_i = \begin{cases} \text{biete } p_{k+1,i} = p_k + 1 & \text{wenn } p_k \leq 99 \text{ von einem} \\ & \text{anderen Bieter} \\ \text{biete } p_{k+1,i} = p_k & \text{wenn } p_k \text{ eigenes Gebot} \\ \text{biete nicht} & \text{sonst} \end{cases}$$

Zur Notation: Im Folgenden bezeichnen wir das Strategieprofil aller Agenten $(s_1, \ldots, s_n)$ mit s. Das Strategieprofil aller Agenten außer Agent i $(s_1, \ldots, s_{i-i}, s_{i+1}, \ldots, s_n)$ wird mit s_{-i} bezeichnet. Der Vektor s kann dann auch als (s_i, s_{-i}) ausgedrückt werden.

Um das Strategiemodell einfach zu halten, wird im Algorithmic Mechanism Design meist angenommen, dass die Bildung von Koalitionen von mehreren Agenten, die gemeinsame Interessen verfolgen, ausgeschlossen ist. Diese Annahme legen wir auch unserem Modell zu Grunde.

2.3.5 Soziale Entscheidungsfunktion f und Implementierung

Wir haben bereits gesehen, dass ein Mechanismus zu dem Zweck eingerichtet wird, in Multiagentensystemen ein „gutes" Ergebnis zu garantieren. Doch woher weiß der Mechanismus, was ein solches Ergebnis ist? Es ist schließlich anzunehmen, dass ein „gutes" Ergebnis je nach Aufgabe, zu der der Mechanismus eingerichtet wird, andere Eigenschaften hat.

In seiner Entscheidungsfindung orientiert sich ein Mechanismus an einer sogenannten *sozialen Entscheidungsfunktion $f : T^n \rightarrow \mathcal{O}$*, die definiert, was ein „gutes" Ergebnis ist. Sie drückt somit die Wertvorstellungen und Ziele des Betreibers des Mechanismus aus und ist als ein Regelwerk für das Verhalten des Mechanismus zu verstehen. Die soziale Entscheidungsfunktion gibt Empfehlungen der Form „wenn Agent 1 den Typ 10 und Agent 2 den Typ 8 hat, dann ist o_1 ein 'gutes' Ergebnis". Im Shortest-Path-Routing ist ein „gutes" Ergebnis dann gegeben, wenn der Ergebnispfad der kürzeste Weg zwischen den Knoten a und b ist. Dies hängt von den Kosten der jeweiligen Kanten, das heißt von den Typen, ab.

Die soziale Entscheidungsfunktion basiert also auf den Typen der Agenten. Ein Mechanismus kennt diese Typen jedoch nicht und kann sich bei der Ergebnisfindung nur auf die Strategien der Agenten stützen. Aber erst das macht ja einen Mechanismus notwendig: Wenn die Typen öffentlich bekannt wären, würde es ausreichen, mittels der sozialen Entscheidungsfunktion direkt das Ergebnis zu bestimmen.

Die Aufgabe des Mechanismus ist es, trotz des strategischen eigennützigen Verhaltens der Agenten das von der sozialen Entscheidungsfunktion definierte „gute" Ergebnis zu erreichen: Obwohl der Mechanismus sich nur auf die Strategien der Agenten stützen kann, soll er immer dasselbe Ergebnis bestimmen, das die soziale Entscheidungsfunktion wählen würde, wenn die Typen der Agenten öffentlich bekannt wären. Man sagt dann, der Mechanismus *implementiert* die soziale Entscheidungsfunktion.

Beim Beispiel des Shortest-Path-Routing liegt dann ein „gutes" Ergebnis vor, wenn die vom Mechanismus implementierte soziale Entscheidungsfunktion stets denjenigen Weg von a nach b wählt, bei dem die den Agenten *tatsächlich* entstehenden Kosten minimiert werden und nicht die von ihren Strategien abhängigen *deklarierten* Kosten.

Betrachten wir mögliche Eigenschaften der sozialen Entscheidungsfunktion nun etwas allgemeiner. Üblicherweise ist diese Funktion aus Axiomen aufgebaut, von denen jedes eine Einschränkung oder ein ethisches Prinzip ausdrückt. Ein Beispiel für ein solches Axiom ist das demokratische Entscheidungsprinzip: „Wenn in einem gegebenen Typprofil t die Mehrheit der Agenten Ergebnis o am meisten wünscht, dann wähle $f(t) = o$.“ Wir diskutieren nun drei sehr wichtige Axiome, nämlich Effizienz, Budget-Ausgeglichenheit und individuelle Rationalität.

Effizienz

Betrachten wir erneut das Beispiel der Versteigerung eines Gegenstandes, bei der drei Agenten als Bieter auftreten. Nehmen wir an, der Wert des Gegenstandes für die Agenten bei einem Zuschlag sei $v_1 = 6$, $v_2 = 10$ und $v_3 = 8$. Geht Agent i ($i \in \{1, 2, 3\}$) leer aus, so ist $v_i = 0$. Wie erreicht der Mechanismus die insgesamt höchste Zufriedenheit unter den Agenten? Genau dann, wenn er den Gegenstand demjenigen Agenten zuspricht, für den er den größten Wert v_i hat. In unserem Beispiel ist das Agent 2. Wie leicht ersichtlich ist, wird so die Entscheidung getroffen, die die Summe der Werte $\sum_i v_i$ maximiert. Eine solche Entscheidung heißt *effizient*.

Definition 2.1 (Effizienz). *Eine soziale Entscheidungsfunktion $f(t)$ heißt* effizient *oder* pareto-optimal, *wenn sie stets ein Ergebnis o wählt, das die Summe der Werte v_i aller Agenten maximiert, d. h. wenn für alle Typprofile $t = (t_1, \ldots, t_n)$ stets das Ergebnis $f(t) = o$ gewählt wird, so dass für alle $o' \in \mathcal{O}$ gilt:*

$$\sum_{i=1}^{n} v_i(o, t_i) \geq \sum_{i=1}^{n} v_i(o', t_i)$$

Ein Mechanismus heißt dann effizient, wenn er eine effiziente soziale Entscheidungsfunktion implementiert.

Warum betrachten wir für eine effiziente Entscheidung nur den Wert v_i, nicht jedoch den Nutzen u_i, der auch den

Wert von Geldzahlungen beinhaltet? Geld ist im Mechanismusdesign nur ein Steuerungsinstrument, um ein „gutes" Ergebnis zu erreichen. Das Ziel ist ein gutes Ergebnis „an sich", bei dem der intrinsische, nicht der durch Zahlungen erreichte Wert des Ergebnisses von Bedeutung ist.

Übertragen wir dieses Beispiel nun auf die „inverse" Auktion im Shortest-Path-Routing, bei der der Mechanismus die Weiterleitung einer Nachricht von den Agenten ersteigert. Hier haben die Agenten im Falle eines Zuschlags negative Werte v_i, da ihnen durch die Weiterleitung der Nachricht Kosten entstehen. Eine effiziente soziale Entscheidungsfunktion wählt ein Ergebnis, das diese Kosten minimiert, das bedeutet aber genau wie im vorigen Fall eine Maximierung von $\sum_{i=1}^{n} v_i$.

Budget-Ausgeglichenheit

Die Summe der Nettozahlungen $\sum_i p_i$ kann bei einem effizienten Mechanismus positiv sein. Dann muss der Mechanismus von außen subventioniert werden. Dies macht dann Sinn, wenn der Mechanismus Leistungen an einen Außenstehenden erbringt, z. B. die Weiterleitung von Nachrichten für nicht am Mechanismus Beteiligte. Es gibt aber auch Situationen, in denen ein solcher Zuschuss nicht erwünscht ist. Beispielsweise sollte ein Mechanismus, in dem die Agenten untereinander Handelsgeschäfte treiben, nicht Subventionen von außen benötigen, unter Umständen aber auch keinen Überschuss erwirtschaften: Der Mechanismus soll *Budget-ausgeglichen* sein.

Budget-Ausgeglichenheit liegt dann vor, wenn der Mechanismus eine soziale Entscheidungsfunktion implementiert, deren Ergebnisse für alle Typprofile $t = (t_1, ..., t_n)$ in der Summe immer eine Zahlung in Höhe von 0 ergeben: $\sum_{i=1}^{n} p_i(t) = 0$. Das bedeutet, alle Agenten gemeinsam verfügen vor wie nach der Entscheidung über dieselbe Menge Geld; der Mechanismus verteilt dieses nur unter den Agenten um.

Eine schwächere Form stellt die sogenannte *schwache Budget-Ausgeglichenheit* dar. Diese liegt dann vor, wenn die Summe auch negative Werte annehmen kann. In diesem Fall kann der Betreiber des Mechanismus Profit machen. Schwache Budget-Ausgeglichenheit ist also von existenzieller Bedeutung, falls ein Mechanismus von einem Wirtschaftsunternehmen betrieben wird, das Gewinne erzielen soll, aber keine Verluste machen darf.

Individuelle Rationalität

Wie wir gesehen haben, kann der Nutzen u_i, den eine Entscheidung für Agent i hat, einen positiven oder negativen Wert annehmen. Ist dieser Wert kleiner Null, so ist das Ergebnis für Agent i von Nachteil. In Situationen, in denen Agenten über ihre Teilnahme am Mechanismus frei entscheiden können, könnte ein mögliches Auftreten solcher Ergebnisse dazu führen, dass zumindest ein Teil der Agenten sich nicht am Mechanismus beteiligt. Um ein gutes Ergebnis zu erreichen, wird jedoch häufig die Teilnahme aller Agenten gewünscht. Wenn sich beispielsweise beim Shortest-Path-Routing mehrere Agenten dazu entschließen würden, mit ihren Kanten nicht am Mechanismus teilzunehmen, könnte das dazu führen, dass der Netzwerkgraph partitioniert wird und der Mechanismus gar keinen Pfad finden kann.

Eine Teilnahme aller Agenten kann stimuliert werden, indem der Mechanismus so angelegt wird, dass für alle Agenten der Nutzen bei Teilnahme immer größer oder gleich ist wie bei Nichtteilnahme. Einen Mechanismus mit dieser Eigenschaft nennt man *individuell-rational*. Dies ist der Fall, wenn er eine soziale Entscheidungsfunktion f implementiert, so dass für alle Typvektoren $t = (t_i, t_{-i})$ gilt: $u_i(f(t_i, t_{-i}), t_i) \geq \overline{u}_i(t_i)$, wobei $\overline{u}_i(t_i)$ den Nutzen für Agent i mit Typ t_i bei Nichtteilnahme ausdrückt.

2.3.6 Mechanismus $\mathcal{M}$

Damit haben wir nun alle Bestandteile, die nötig sind, um den Mechanismus als Ganzen zu betrachten. Um trotz des rationalen Verhaltens der Agenten ein „gutes" Ergebnis zu garantieren, definiert ein Mechanismus sozusagen die Spielregeln. Er definiert eine geeignete Strategiemenge Σ, sowie eine *Ergebnisfunktion* g, die in Abhängigkeit von den Strategien der Agenten eine Entscheidung $o \in \mathcal{O}$ trifft. Außerdem definiert der Mechanismus für jeden Agenten eine *Zahlungsfunktion* p_i, die über Geldtransfers zwischen Mechanismus und Agenten entscheidet. Die Spielregeln sind also die Handlungen, die den Spielern erlaubt sind (Strategien), und die Art und Weise, in der der Gewinner bestimmt und „belohnt" wird (Ergebnis- und Zahlungsfunktionen).

Das Ziel ist nun, die Strategiemenge Σ, die Ergebnisfunktion g und die Zahlungsfunktionen p_i so zu wählen, dass das eigennützige Verhalten der Agenten zu einer vorhersehbaren Strategiewahl führt. Für diese Strategiewahl soll die Ergebnisfunktion g dann genau das Ergebnis wählen, das dem Ergebnis der sozialen Entscheidungsfunktion f, also dem gewünschten Ergebnis, entspricht. Inwiefern die Strategiewahl vorhersehbar ist, ist an diesem Punkt noch nicht zentral (dies wird in Abschnitt 2.5 ausführlich dargestellt). Wichtig ist nur zu wissen, dass dieses Verhalten vorhersehbar ist und für die Entscheidungsfindung berücksichtigt wird.

Mit diesen Vorkenntnissen können wir einen Mechanismus wie folgt formal definieren:

Definition 2.2 (Mechanismus). *Gegeben seien n rational handelnde Agenten mit Typen $t_1, \ldots, t_n \in T$ und ein Entscheidungsraum $\mathcal{O}$. Ein Mechanismus ist ein Tupel*

$$\mathcal{M} = (\Sigma, g(\cdot), p_1(\cdot), \ldots, p_n(\cdot))$$

mit Strategieraum Σ, Ergebnisfunktion $g : \Sigma^n \to \mathcal{O}$ und Zahlungsfunktionen $p_i : \Sigma^n \to \mathbb{R}$ für alle Agenten $i \in \{1, \ldots, n\}$.

Wir vereinbaren, dass ein positiver Wert p_i eine Zahlung vom Mechanismus an den Agenten, ein negativer Wert eine Zahlung vom Agenten an den Mechanismus darstellt. Der Vektor aller Zahlungsfunktionen $(p_1, \ldots, p_n)$ wird im Folgenden mit p bezeichnet. Dabei werden p und p_i sowohl für die Zahlungsfunktion als auch für die damit berechneten konkreten Werte verwendet. Aus dem Kontext wird jeweils klar, worauf Bezug genommen wird.

Wie sieht der Mechanismus für Shortest-Path-Routing formalisiert aus? Die Strategiemenge Σ entspricht gerade der Typmenge $T = \mathbb{R}$, da die Strategie eines Agenten darin besteht, einen (wahren oder falschen) Typ zu deklarieren. Die Funktion g soll in Abhängigkeit von den Deklarationen der Agenten den günstigsten Pfad von Knoten a zu Knoten b im Graphen berechnen. Dafür kann z. B. der Algorithmus von Dijkstra [25, 21, Kap. 24.3] verwendet werden. Das Ergebnis ist dann die Menge der Kanten, aus denen der günstigste Pfad besteht. Da die Agenten, die diese Kanten besitzen, eine Nachricht vermutlich nicht umsonst weiterleiten werden, müssen diesen Agenten Zahlungen gemacht werden, die von den Zahlungsfunktionen p_i berechnet werden. Wie diese Zahlungsfunktionen aufgebaut sein müssen, werden wir in Abschnitt 2.6.1 untersuchen. Eine vollständige Definition des Mechanismus für das Shortest-Path-Problem ist auf S. 53 zu finden.

Das vorgestellte Modell ist für den Großteil der Anwendungsfälle im Algorithmic Mechanism Design gut geeignet. Es stellt jedoch nicht das allgemeinste Modell dar. So könnten beispielsweise verschiedene Typ- und Strategieräume für jeden Agenten möglich sein, die Strategiewahl der Agenten könnte (teilweise) randomisiert oder der gesamte Mechanismus randomisiert sein. Auch wären Mechanismen mit mehreren Runden möglich (extensive Spielform). Einige dieser Erweiterungen des einfachen Modells werden wir im weiteren Verlauf bei Bedarf einführen.

2.4 Anreizkompatibilität und Strategische Robustheit

Wir wissen nun, wie ein Mechanismus formal definiert werden kann und was dessen Bestandteile und wichtige Eigenschaften sind. Ein ganz wesentlicher Aspekt wurde bisher allerdings noch ausgeklammert: die Frage, wie der Mechanismus eigennützige Akteure dazu bringen kann, ihre privaten Typinformationen korrekt anzugeben. Erinnern wir uns, dass die Agenten zwar nicht die Möglichkeit haben, offen die Regeln des Protokolls zu verletzen. Da ihr Typ jedoch nur ihnen selbst bekannt ist, können sie mit falschen Angaben betrügen und so ein insgesamt schlechteres Ergebnis bewirken, ohne dass dies erkennbar wäre. In diesem Abschnitt soll nun untersucht werden, mit welchen Mitteln ein Mechanismus das Ziel korrekter Typangaben erreicht.

2.4.1 Anreizkompatibilität

Damit kein Agent die Entscheidungsfindung des Mechanismus durch falsche Typangaben zu seinen eigenen Gunsten manipulieren kann, müssen die Regeln des Mechanismus *kompatibel* mit den *Anreizen* der Agenten gemacht werden. Dieser Ansatz heißt *Anreizkompatibilität* und ist der zentrale Ansatz des Mechanismusdesign, um den Egoismus der Agenten zu überwinden. Eingeführt wurde er von Hurvicz [49, S. 320 ff.], der für seine Forschung zum Mechanismusdesign im Jahr 2007 mit dem Wirtschaftsnobelpreis ausgezeichnet wurde.

Anreizkompatibilität ist ein Konzept für direkt-enthüllende Mechanismen, also für Mechanismen, bei denen die den Agenten möglichen Strategien nur in der (korrekten oder falschen) Deklaration ihres Typs bestehen, woraufhin der Mechanismus das Ergebnis bestimmt. Ein *anreizkompatibler Mechanismus* bringt durch eine bestimmte Form von Anreizen alle Agenten dazu, sich wahrheitsgemäß zu verhalten, das heißt, die Strategie der wahren Typdeklaration zu wählen. Da sich die Agenten rational, also eigennützig verhalten, werden sie aber nur dann diese wahrheitsgemäße Strategie wählen, wenn dadurch ihr jeweils eigener Profit maximiert wird. Ein anreizkompatibler Mechanismus muss also so beschaffen sein, dass die Strategie der korrekten Typdeklaration den Nutzen des Agenten unter allen ihm verfügbaren Strategien maximiert. Ein anreizkompatibler Mechanismus macht sich sozusagen den Egoismus der Agenten zunutze, so dass diese aus Eigeninteresse wahrheitsgemäße Angaben machen.

Beispiel: Die Vickrey-Auktion

Um das Prinzip der Anreizkompatibilität zu verstehen, betrachten wir das Beispiel einer Auktion mit geheimen Geboten, wie sie z. B. bei der Vergabe von staatlichen Lizenzen für Mobilfunkfrequenzen gewählt wird. Dabei gibt jeder Bieter zu Beginn ein einziges Gebot in einem verschlossenen Umschlag ab, ohne dass er die Gebote der anderen Agenten

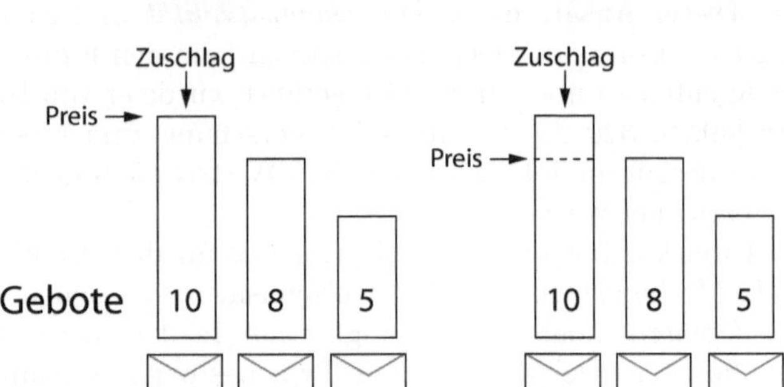

Abb. 2.8. Vergleich der traditionellen englischen Auktion mit der Vickrey-Auktion

kennen würde. Der Ablauf entspricht somit einem direkt-enthüllenden Mechanismus, bei dem zu Beginn jeder Agent dem Mechanismus seinen Typ deklariert.

Üblicherweise wird der Auftrag an denjenigen Bieter vergeben, der das höchste Gebot abgibt, der also am meisten zu zahlen bereit ist. Für Bieter 1 habe die zu versteigernde Lizenz den Wert 10, d. h., er hat den Typ $t_1 = 10$. Bieter 2 habe den Typ $t_2 = 8$ (siehe Abb. 2.8 links). Die Bieter werden nun versucht sein, Spekulationen über die Typen der übrigen Agenten anzustellen: Wenn Bieter 2 korrekt $t_2 = 8$ deklariert, so könnte Bieter 1 einen geringeren Typ als seinen eigentlichen, z. B. $\hat{t}_1 = 9$, angeben und würde den Zuschlag für die Lizenz zu einem geringeren Preis bekommen als sie ihm Wert wäre. Diese Form der Auktion ist also nicht anreizkompatibel, da falsche Typangaben für die Agenten unter Umständen von Vorteil sind. Die spieltheoretischen Überlegungen, die die rationalen Agenten dadurch zwangsläufig anstellen, binden unnötig Ressourcen und können überdies zu einem schlechten Ergebnis führen:

Vielleicht geht Bieter 1 davon aus, dass t_2 einen geringeren Wert als 8 hat und bietet $\hat{t}_1 = 7$. Dann bekommt Bieter 2 den Zuschlag für die Lizenz, obwohl sie eigentlich für Bieter 1 einen höheren Wert hat – ein gesamtgesellschaftlich ineffizientes Ergebnis.

Die sogenannte Vickrey-Auktion, die von William Vickrey in [91] eingeführt wurde, vermeidet solche ineffizienten Ergebnisse, indem sie einem sehr einfachen Prinzip folgt. Sie gibt weiterhin den Zuschlag dem Bieter mit dem höchsten Gebot, stellt ihm jedoch nur den Preis des zweithöchsten Gebots in Rechnung (siehe Abb. 2.8 rechts). Dies veranlasst die Agenten, immer ihren Typ wahrheitsgemäß zu deklarieren. Somit ist die Vickrey-Auktion ein Beispiel für einen anreizkompatiblen Mechanismus.

Veranschaulichen wir die Gründe dafür an einem Beispiel: Es soll ein Objekt versteigert werden, das für Agent 1 den Wert 100 habe, d.h., $t_1 = 10$. Für Agent 1 stellt sich nun die Frage, welches Gebot $\hat{t}_1$ er abgeben soll, da er die Gebote der anderen Agenten ja noch nicht kennt. Wir bezeichnen das höchste Gebot aller anderen Agenten mit $\hat{t}^*$. Unterscheiden wir die drei möglichen Fälle:

Sei $\hat{t}^* < t_1$, z. B. $\hat{t}^* = 9$ (Abb. 2.9-1). Das bedeutet, für Agent 1 hat das Objekt einen höheren Wert als die Deklarationen aller anderen Agenten. Agent 1 möchte das Objekt also ersteigern. Dafür kann er ohne Unterschied jeden beliebigen Wert deklarieren, der größer als $\hat{t}$. Denn für jede dieser Deklarationen bekommt er den Zuschlag und bezahlt genau den Preis des zweithöchsten Gebots, also $\hat{t}^* = 9$. Würde er dagegen weniger als $\hat{t}^*$ deklarieren, würde er den Zuschlag verlieren. Deshalb gibt es keine bessere Deklaration als die korrekte Angabe $\hat{t}_1 = t_1$.

Sei $\hat{t}^* > t_1$, z. B. $\hat{t}^* = 11$ (Abb. 2.9-2). Das bedeutet, ein anderer Agent bietet mehr, als Agent 1 zu bieten bereit wäre. Für jeden Wert kleiner $\hat{t}^* = 11$, den Agent 1

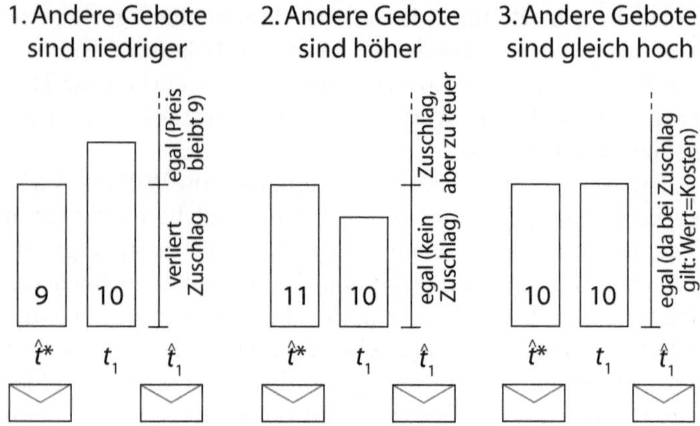

Abb. 2.9. Auswirkungen möglicher Deklarationen $\hat{t}_1$ bei der Vickrey-Auktion ($\hat{t}^*$ ist das höchste Gebot anderer Agenten, t_1 der eigene Typ)

bietet, ergibt sich für ihn dasselbe Ergebnis: Er bekommt den Zuschlag nicht. Würde er mehr als $\hat{t}^*$ bieten, würde er den Zuschlag zwar bekommen, aber zu einem für ihn zu hohen Preis, nämlich für $\hat{t}^*$. Es gibt also wieder keine bessere Deklaration als die korrekte Angabe $\hat{t}_1 = t_1$.

Sei $\hat{t}^* = t_1$ (Abb. 2.9-3). In diesem Fall bietet Agent 1 zusammen mit einem anderen Agenten das höchste Gebot. Da das einfache Nutzenmodell, das dem Mechanismusdesign zu Grunde liegt, weitergehende strategische Überlegungen, wie z. B. sich eventuell ergebende Folgeaufträge, nicht beinhaltet, ist es für den Agenten in diesem Fall unerheblich, ob er den Zuschlag erhält oder nicht. Er kann also unterschiedslos jeden beliebigen Wert bieten, darunter auch die korrekte Angabe $\hat{t}_1 = t_1$. Wir stellen also fest, dass es in allen drei Fällen keine bessere Lösung als die korrekte Typdeklaration gibt.

Zu bemerken ist, dass bei der Vickrey-Auktion der Preis p_i, den der Agent bekommt bzw. bezahlen muss, völlig unabhängig von seiner eigenen Typdeklaration ist. Dadurch wird die Anreizkompatibilität gewährleistet. Informell gesprochen nimmt die Vickrey-Auktion dadurch, dass sie nur den Preis des zweithöchsten Gebots in Rechnung stellt, für den Agenten den für ihn „bestmöglichen Betrug" vor, mit dem er den Zuschlag gerade noch bekommen hätte. Dadurch sind Falschangaben nicht mehr lohnenswert, da sie das Ergebnis für den Agenten nicht verbessern, sondern höchstens verschlechtern könnten.

Anreizkompatibilität kann jedoch nicht umsonst erreicht werden. Um sie zu gewährleisten, muss der Mechanismus höhere Zahlungen vornehmen bzw. auf einen Teil seiner Einnahmen verzichten. So werden im obigen Beispiel der Vickrey-Auktion die Lizenzen im Regelfall für weniger Geld versteigert als die Summe, die der höchste Bieter zu zahlen bereit wäre, nämlich nur für die Höhe des zweithöchsten Gebots. Diese nötigen „Überbezahlungen" können sich im praktischen Einsatz eines Mechanismus als sehr problematisch erweisen (Näheres dazu in Abschnitt 2.6.3).

2.4.2 Strategische Robustheit

Die Vickrey-Auktion hat neben der Anreizkompatibilität noch einen weiteren Vorzug: Die Agenten brauchen die möglichen Strategiewahlen der Mitbewerber nicht zu berücksichtigen. Völlig unabhängig von deren Strategien maximiert ein Agent mit einer wahrheitsgemäßen Typdeklaration seinen eigenen Nutzen in *jedem* möglichen Fall. Eine Strategie mit dieser Eigenschaft wird als *dominant* bezeichnet.

Wenn jeder Agent diese für ihn optimale dominante Strategie wählt (wovon ausgegangen werden kann, da die

Agenten ja ihren jeweiligen Nutzen maximieren wollen) entsteht ein *Gleichgewicht* der Strategien aller Agenten. Ein Gleichgewicht deshalb, weil jeder Agent eine Strategie verfolgt, die seinen Nutzen unter allen ihm verfügbaren Strategien maximiert, und er somit kein Interesse hat, diese für ihn optimale Strategie einseitig zugunsten einer anderen aufzugeben. In einem Gleichgewicht sind also alle Agenten mit den von ihnen gewählten Strategien zufrieden.

Falls wie in der Vickrey-Auktion für jeden Agenten eine dominante Strategie existiert, dann bezeichnet man das entstehende Gleichgewicht als *Gleichgewicht in dominanten Strategien.* Ein solches Gleichgewicht liegt also dann vor, wenn für alle i, alle Typen t_i, alle Strategien der übrigen Agenten s_{-i} und alle möglichen eigenen Strategien s_i' eine eigene Strategie s_i existiert, so dass gilt: $u_i(s_i, s_{-i}, t_i) \geq u_i(s_i', s_{-i}, t_i)$. Eine ausführlichere Einführung in verschiedene Gleichgewichtskonzepte der Spieltheorie ist in Abschnitt 2.5 zu finden.

Solch ein dominantes Gleichgewicht ist eine starke Forderung, und nur in vergleichsweise wenigen Spielen existieren dominante Gleichgewichte. Im Algorithmic Mechanism Design sind diese Gleichgewichte in dominanten Strategien allerdings das am häufigsten verwendete Konzept, da solche Mechanismen sehr gute algorithmische Eigenschaften besitzen: In Mechanismen mit dominantem Gleichgewicht existiert für jeden Agenten eine Strategie, die unabhängig von den Strategien der übrigen Agenten *immer* optimal ist. Dadurch müssen die Agenten keine spieltheoretische Modellierung des Verhaltens der übrigen Agenten vornehmen, sie müssen nicht einmal die Anzahl der außer ihnen beteiligten Agenten kennen, was gerade in Internetanwendungen mit einer großen Anzahl wechselnder Beteiligter von großem Vorteil sein kann. Der somit vermiedene Berechnungsaufwand für die Berücksichtigung des Verhaltens der

Mitspieler verringert die Komplexität der Strategiewahl der Agenten zum Teil erheblich.

Wir haben im vorigen Abschnitt gesehen, dass für die Bestimmung eines aus Designersicht wünschenswerten Ergebnisses anreizkompatible Mechanismen von Vorteil sind. Die Kombination mit einem Gleichgewicht in dominanten Strategien führt darüber hinaus zu besseren algorithmischen Eigenschaften. Es liegt also auf der Hand, diese beiden Eigenschaften zu verbinden. Mechanismen, die dies verwirklichen, heißen *strategisch robust*.

Definition 2.3 (Strategisch robuster Mechanismus). *Ein Mechanismus heißt* strategisch robust *(oder* anreizkompatibel in dominanten Strategien*), wenn er ein direktenthüllender Mechanismus ist, bei dem Wahrheitsmitteilung, also eine wahrheitsgemäße Typdeklaration $\hat{t}_i = s(t_i) = t_i$, ein Gleichgewicht in dominanten Strategien bildet. Das heißt, jeder Agent i maximiert seinen Nutzen u_i, wenn er die Strategie der wahrheitsgemäßen Typdeklaration wählt.*

Anreizkompatibilität lässt sich nicht nur in dominanten, sondern auch in anderen Gleichgewichten, wie z. B. dem Bayesschen Gleichgewicht (siehe Abschnitt 2.5), analog definieren.

Wir haben gesehen, dass strategisch robuste Mechanismen starke Anforderungen besitzen. Unter welchen Umständen kann ein strategisch robuster Mechanismus verwirklicht werden? Ein wichtiger Satz im Mechanismusdesign (siehe [60, S. 877 f.]) zeigt, dass bei quasilinearen Nutzenfunktionen jede effiziente soziale Entscheidungsfunktion in einem strategisch robusten Mechanismus implementierbar ist, wenn die Zahlungsfunktion des Mechanismus von einer bestimmten Form ist – der Form, wie sie von den sogenannten Vickrey-Clarke-Groves-Mechanismen definiert ist, die wir in Abschnitt 2.6.2 kennen lernen werden.

Abschließend soll in diesem Kapitel noch eine wichtige Unterscheidung betont werden: Strategische Robustheit besagt, dass sich kein *einzelner* Agent durch falsche Angaben einen Vorteil verschaffen kann. Es kann jedoch für eine Gruppe von Agenten immer noch möglich sein, durch Zusammenspiel den Nutzen aller Gruppenmitglieder zu vergrößern. Ein strategisch robuster Mechanismus, der auch Manipulation durch Koalitionsbildung unmöglich macht, heißt *gruppenstrategisch robust*. Obwohl in Internetanwendungen Koalitionsbildung von mehreren Agenten sehr wahrscheinlich ist, berücksichtigt die überwiegende Mehrheit der bisherigen Veröffentlichungen zum Algorithmic Mechanism Design dies nicht und beschränkt sich auf strategisch robuste Mechanismen.

2.5 Gleichgewichtskonzepte

Im vorigen Abschnitt wurde bereits das Gleichgewichtskonzept in dominanten Strategien eingeführt. Die Spieltheorie definiert dieses und weitere Gleichgewichtskonzepte, die helfen, das strategische Verhalten von Agenten in Spielsituationen vorherzusagen. In diesem Abschnitt sollen die drei wichtigsten Gleichgewichtskonzepte vorgestellt werden. Die Gleichgewichtsmodelle sind jedoch nicht Voraussetzung für das Verständnis des restlichen zweiten Kapitels. Der Leser kann deshalb auch problemlos direkt zum folgenden Abschnitt übergehen und erst später bei Bedarf auf die Gleichgewichtskonzepte zurückkommen.

Um ein erstes Verständnis zu erleichtern, gehen wir bei den folgenden Definitionen wie im Modell von Abschnitt 2.3 von reinen, nicht randomisierten Strategien aus. Es werden nur die wichtigsten Gleichgewichtskonzepte in ihren wesentlichen Punkten diskutiert. Eine ausführlichere Einführung in Gleichgewichtskonzepte ist beispielsweise in [60, Kapitel 8 und 23] zu finden. Die drei im Folgenden diskutierten Konzepte sind in Abb. 2.10 dargestellt.

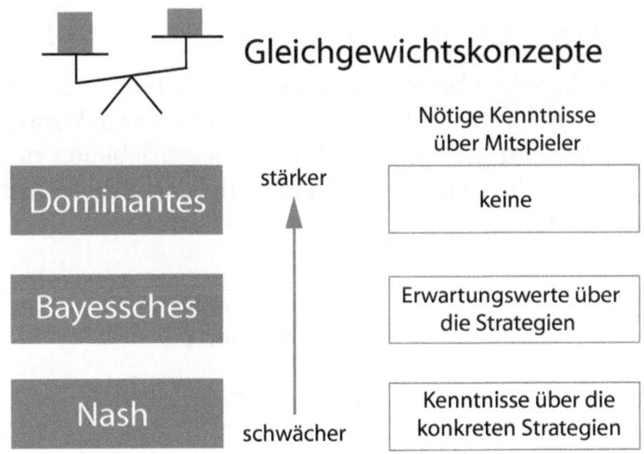

Abb. 2.10. Drei bedeutende Gleichgewichtskonzepte

2.5.1 Nash-Gleichgewicht

Das bekannteste Konzept ist das des Nash-Gleichgewichts [65]. Die Strategien der Agenten sind dann in einem Nash-Gleichgewicht, wenn jeder Agent i diejenige Strategie s_i gewählt hat, die seine Nutzenfunktion für seinen eigenen Typ unter Berücksichtigung der *konkret gewählten* Strategien s_{-i} der übrigen Agenten maximiert. Wenn jeder Agent diese für ihn optimale Strategie gewählt hat, kann keiner der Agenten von einer einseitigen Abweichung von seiner Strategie profitieren, deshalb der Begriff des Gleichgewichts.

Ein Strategieprofil $s = (s_1, \ldots, s_n)$ ist also dann in einem Nash-Gleichgewicht, wenn für jeden Agenten i in Bezug auf seine gewählte Strategie s_i, für die gewählten Strategien der Mitspieler $s_{-i} = (s_1, \ldots, s_{i-i}, s_{i+1}, \ldots, s_n)$ und für alle $s_i' \neq s_i$ gilt:[2]

$$u_i(s_i(t_i), s_{-i}(t_{-i}), t_i) \geq u_i(s_i'(t_i), s_{-i}(t_{-i}), t_i)$$

Nicht in jedem Spiel muss zwangsläufig ein Nash-Gleichgewicht existieren. Dies ist jedoch unter weiten Voraussetzungen der Fall, so dass wir für die beschriebenen praktischen Anwendungen eines Mechanismus von der Existenz eines Nash-Gleichgewichts ausgehen können.

Strategie
Spieler 1

		D	E	F
	a	5, 2	1, 3	2, 5
Strategie **Spieler 2**	b	3, 1	**5, 5**	3, 1
	c	2, 5	1, 3	5, 2

Abb. 2.11. Ein Spiel mit einem Nash-Gleichgewicht

Das Konzept des Nash-Gleichgewichts soll an folgendem Beispiel illustriert werden: An einem Spiel nehmen zwei

---

[2] Streng genommen ist dies die Definition eines *schwachen* Nash-Gleichgewichts. Hier und im Folgenden genügt uns die Forderung eines schwachen Gleichgewichts, weil wir annehmen, dass die Agenten zwar eigennützig, aber dennoch wohlwollend sind. Das bedeutet, dass sie unter mehreren Strategien, die alle nutzenmaximierend sind, bereit sind, diejenige zu wählen, die für die Mitspieler besser ist.

Spieler teil, die je aus drei alternativen Strategien wählen können. Abb. 2.11 zeigt diese Strategien und den Nutzen, der sich aus jeder Strategiekombination für den jeweiligen Agenten ergibt. Wählt beispielsweise Spieler 1 die Strategie a und Spieler 2 Strategie D, so ergibt sich für Spieler 1 ein Nutzen von 5, für Spieler 2 ein Nutzen von 2. Können sich beide Spieler über ihre Strategiewahlen austauschen und diese solange aufeinander abstimmen, bis kein Spieler mehr einen Vorteil darin sieht, eine andere Strategie zu wählen, so wird sich ein Nash-Gleichgewicht (b, E) ergeben. Der Grund ist leicht ersichtlich: Kein Spieler kann in diesem Gleichgewicht von einer einseiten Abweichung in seiner Strategie profitieren. Die Spieler werden daher ihre Strategien beibehalten, da sie jeweils die beste Antwort auf die Strategie des anderen Spielers sind.

Wie können die Agenten aber nun in der Praxis eine Strategie wählen, die eine bestmögliche Antwort auf die gewählten Strategien der übrigen Agenten ist? Bei direktenthüllenden Spielen wäre dies dann möglich, wenn alle Agenten perfekte Kenntnis der anderen Agenten hätten, also bereits im Vorfeld genau wüssten, welche Strategien diese wählen werden. Dann wäre allerdings sehr wahrscheinlich, dass diese Informationen allgemein bekannt sind und somit ein Mechanismus zur Entscheidungsfindung gar nicht nötig wäre. Realistischer ist die Abkehr von direktenthüllenden Spielen hin zu einem iterativen Prozess der Strategiewahl. In diesem Prozess passen die Agenten ihre Strategien schrittweise aneinander an, bis keine Strategieänderungen mehr vorgenommen werden und das Gleichgewicht erreicht ist.

Ein Problem bei diesem Gleichgewichtskonzept ist, dass ein Spiel mehrere Nash-Gleichgewichte haben kann. Betrachten wir Abb. 2.12. Die Personen A und B möchten sich um 12 Uhr an einem Ort treffen. Ob sie sich am Bahn-

Strategie
Spieler 1

	Bahnhof	Oper
Bahnhof	**50, 50**	0, 0
Oper	0, 0	**50, 50**

Strategie **Spieler 2**

Abb. 2.12. Ein Spiel mit mehreren Nash-Gleichgewichten

hof oder an der Oper treffen, macht für beide keinen Unterschied. Wie leicht ersichtlich ist, existieren somit zwei Nash-Gleichgewichte. Um sich zu treffen, müssen beide Personen dasselbe Nash-Gleichgewicht wählen. Die Frage, welches von mehreren Gleichgewichten gewählt werden soll, lässt das Konzept des Nash-Gleichgewichtes jedoch unbeantwortet.

Darüber hinaus stellt das Bayessche Gleichgewichtskonzept große Anforderungen an das Wissen der Agenten, da jeder Agent vollständige Kenntnis der Strategien aller anderen Agenten haben muss. Die Komplexität der Bestimmung eines Nash-Gleichgewichts ist unbekannt, vermutlich liegt sie aber nicht in der Klasse **P** [73]. Das Nash-Gleichgewicht stellt daher für viele Internetanwendungen zu hohe Anforderungen.

2.5.2 Bayessches Gleichgewicht

Das Nash-Gleichgewicht geht davon aus, dass die Spieler über umfangreiche Informationen über ihre Mitspieler verfügen, so dass sie deren Strategiewahlen vorhersagen können oder dass die Strategiewahl iterativ zu einem Gleichgewicht konvergiert. Dies ist eine starke Anforderung, die in vielen Situationen unrealistisch ist. So ist es beispielsweise unwahrscheinlich, dass eine Firma die genauen Betriebs- oder Fertigungskosten ihrer Konkurrenten kennt.

Ein Konzept, das von unvollständiger Information der Agenten ausgeht, ist das Bayessche Gleichgewicht. Es ersetzt die genauen Kenntnisse der Strategien der Mitspieler, die im Nash-Gleichgewicht gefordert werden, durch Erwartungswerte. Jeder Agent wählt diejenige Strategie s_i, die seinen Nutzen hinsichtlich seines eigenen Typs und den *erwarteten* Strategien der Mitspieler maximiert. Diese Strategie ist nicht unbedingt die beste Antwort auf die *tatsächlichen* Strategien der anderen Agenten.

Ein Strategieprofil $s = (s_1, \dots, s_n)$ ist somit dann in einem Bayesschen Gleichgewicht, wenn für jeden Agenten i in Bezug auf seine gewählte Strategie s_i und für alle Strategien $s_i' \in \Sigma$ gilt:

$$E[u_i(s_i(t_i), s_{-i}(t_{-i}), t_i)] \geq E[u_i(s_i'(t_i), s_{-i}(t_{-i}), t_i)]$$

wobei $E[u_i(s_i(t_i), s_{-i}(t_{-i}), t_i)]$ der erwartete Nutzen über eine Wahrscheinlichkeitsverteilung der Typprofile t ist.

2.5.3 Gleichgewicht in dominanten Strategien

Das Gleichgewicht in dominanten Strategien ist das robusteste der drei hier vorgestellten Gleichgewichtskonzepte, da hier die Agenten keinerlei Kenntnisse über ihre Mitspieler benötigen. Eine *dominante Strategie* s_i maximiert unter allen möglichen Strategien den Nutzen des Agenten völlig unabhängig von den Typen t_{-i} oder gewählten Strategien s_{-i} der Mitspieler. In einem dominanten Gleichgewicht gilt für jeden Agenten in Bezug auf seine gewählte Strategie s_i, für alle $s_i' \in \Sigma$ und alle $s_{-i}' \in \Sigma^{n-1}$:

$$u_i(s_i(t_i), s_{-i}'(t_{-i}), t_i) \geq u_i(s_i'(t_i), s_{-i}'(t_{-i}), t_i)$$

Ein Gleichgewicht in dominanten Strategien ist zugleich immer auch ein Nash-Gleichgewicht. Auch hier kann es in einem Spiel mehrere dominante Gleichgewichte geben. Dies stellt jedoch kein Problem dar, da in einem solchen Fall die Spieler in beiden Gleichgewichten denselben Nutzen u_i haben. Da sie außerdem, anders als im Nash- oder Bayesschen Gleichgewicht, ihre Strategien nicht vom (erwarteten) Verhalten der Mitspieler abhängig machen, ist es ihnen egal, welche der entsprechenden Gleichgewichtsstrategien sie wählen. Es handelt sich somit nur um ein Koordinationsproblem, das vom Mechanismus gelöst werden kann.

Da die Agenten für ihre Strategiewahl keinerlei Wissen über ihre Mitspieler benötigen, ist dieses Gleichgewichtskonzept sehr robust. Gerade in Internetanwendungen, in denen häufig den Agenten nicht einmal die Anzahl der anderen Agenten bewusst ist, erscheint die Wahl dieses Gleichgewichtskonzepts sinnvoll. Zudem ist hier die Komplexität der Strategiebestimmung geringer als bei anderen Gleichgewichtskonzepten, da die Agenten nicht die Strategien der übrigen Agenten modellieren müssen.

2.5.4 Wahl eines Gleichgewichtskonzepts

Wie wir gesehen haben, machen die verschiedenen Gleichgewichtskonzepte unterschiedliche Annahmen über das Wissen der Agenten und ihre Fähigkeiten, Strategien zu koordinieren. Von diesen Annahmen hängt somit die Wahl eines bestimmten Gleichgewichtskonzeptes ab. Die Entscheidung für ein bestimmtes Gleichgewichtskonzept ist auch von den gewünschten spieltheoretischen Eigenschaften abhängig. Je geringer das Wissen ist, das die Agenten im Gleichgewichtsmodell benötigen, desto weniger Eigenschaften lassen sich in einem Mechanismus implementieren.

In der Praxis sollte ein möglichst starkes Konzept gewählt werden, damit die Agenten möglichst wenig Ressourcen für die spieltheoretische Modellierung des Verhaltens aufwenden müssen. Das dominante Gleichgewicht sollte erste Wahl sein, da hier die Agenten keinerlei Wissen über ihre Mitspieler benötigen. An zweiter Stelle steht das Bayessche Gleichgewicht, auf das das Nash-Gleichgewicht folgt. Der Satz von Hurvicz [51] zeigt, dass es unmöglich ist, Effizienz und (starke) Budget-Ausgeglichenheit in einem strategisch robusten Mechanismus zu erreichen, selbst mit quasilinearen Präferenzen. Diese Axiome können erst mit einem anreizkompatiblen Mechanismus in dem schwächeren Bayesschen Gleichgewicht erreicht werden [24, 7]. Soll der Mechanismus zusätzlich aber individuell rational sein, ist dies auch in einem Bayesschen Gleichgewicht nicht mehr möglich (siehe [60], S. 895 f.).

Über diese drei Gleichgewichtskonzepte hinaus sind Abwandlungen und weitere Konzepte möglich, z. B. das Konzept des Ex post Nash-Gleichgewichts, welches in Abschnitt 4.2.2 vorgestellt wird.

2.6 Vickrey-Clarke-Groves-Mechanismen

Es soll nun ein konkreter Mechanismus $\mathcal{M} = (\Sigma, g(\cdot), p_1(\cdot), \ldots, p_n(\cdot))$ gefunden werden, der das Shortest-Path-Problem löst. Die Strategiemenge Σ wurde bereits in Abschnitt 2.3.4 als $\Sigma = T$ definiert. Wir müssen nun also noch eine Ergebnisfunktion g und Zahlungsfunktionen $p_1, \ldots, p_n$ finden.

In Abschnitt 2.4.2 haben wir die Vorteile von strategisch robusten Mechanismen kennen gelernt. Diese schaffen mittels der Anreizkompatibilität die Motivation für die Agenten, ihre wahren Typen zu deklarieren, was für die Bestimmung eines aus Designer-Sicht wünschenswerten Ergebnisses zentral ist. Außerdem verringern sie durch das verwendete dominante Gleichgewichtskonzept den Aufwand, den die Agenten für ihre Strategiewahl haben, da sie nicht das Verhalten ihrer Konkurrenten berücksichtigen müssen. Für das Beispiel des Shortest-Path-Routing wäre also ein strategisch robuster Mechanismus wünschenswert. Nach Definition des Shortest-Path-Problems in Abschnitt 2.2 soll der Mechanismus darüber hinaus ein effizientes Ergebnis implementieren, d.h. ein Ergebnis $o \in \mathcal{O}$, das die Summe $\sum_{i=1}^{n} v_i(o, t_i)$ maximiert. Damit ist die Ergebnisfunktion unseres Mechanismus bereits definiert. Zu beachten ist, dass diese Summe dann maximiert wird, wenn der günstigste (kürzeste) Pfad gewählt wird. Für dieses Shortest-Path-Problem existieren polynomielle Algorithmen, z. B. der Algorithmus von Dijkstra [25, 21, Kap. 24.3]. Des Weiteren sollte der Mechanismus auch individuell-rational sein, so dass es für alle Agenten attraktiv ist, sich am Mechanismus zu beteiligen. Ansonsten liefe der Mechanismus Gefahr, unter Umständen *keinen* Weg von a nach b zu finden.

Eine Familie von Mechanismen, die alle diese geforderten Eigenschaften verwirklichen kann, ist die Familie der *Vickrey-Clarke-Groves-Mechanismen* (VCG-Mechanismen) [91, 17, 46]. Es handelt sich hierbei um eine sehr wichtige Klasse von Mechanismen, die viele gute Eigenschaften implementieren und darüber hinaus einfach zu konstruieren sind. Wir werden nun zunächst, von der strategisch robusten und individuell-rationalen Vickrey-Auktion ausgehend, Zahlungsfunktionen herleiten, die von einer solchen Form sind, dass unser Mechanismus ebenfalls diese Eigenschaften der Vickrey-Auktion besitzt. Daraufhin werden wir die Familie der VCG-Mechanismen kennen lernen und sehen, dass unser Mechanismus Mitglied dieser Familie ist.

2.6.1 Übertragung der Eigenschaften von der Vickrey-Auktion

Bei der Vickrey-Auktion haben wir einen einfachen Ansatz kennen gelernt, mit dem Strategische Robustheit erreicht werden kann. Er besteht darin, den Agenten jeweils die Summe zu bezahlen (bzw. von ihnen zu fordern), die sie gerade noch hätten deklarieren können, um den Zuschlag zu bekommen. Die Zahlungsfunktion des Mechanismus berechnet also den – für den Agenten vorteilhaften – Preis seines „bestmöglichen Betrugs".

Übertragen auf unsere Situation bedeutet das, dass der Mechanismus den an der günstigsten Verbindung beteiligten Agenten den höheren Preis bezahlt, den jeder einzelne von ihnen hätte fordern können, so dass der Weg insgesamt immer noch der günstigste bleibt. Wie leicht nachvollziehbar ist, ergibt sich dieser Betrag dann, wenn der Mechanismus jedem am günstigsten Pfad beteiligten Agenten zusätzlich zu seinem deklarierten Preis die Differenz von den Kosten des günstigsten Pfades, wenn die Kante des Agenten nicht vorhanden wäre, und denen des günstigsten Pfades mit dieser Kante bezahlt. Hätte der Agent nämlich diese höhere Summe deklariert, so wären die Kosten des nach ursprünglicher Deklaration günstigsten Pfades gleich den Kosten des zweitgünstigsten Pfades, an dem sich der Agent nicht beteiligt. Der so verteuerte eigentlich günstigste Pfad hätte aber, nach einer Losentscheidung zwischen diesen beiden Pfaden, unter Umständen immer noch den Zuschlag erhalten.

Betrachten wir diesen Sachverhalt an einem konkreten Beispiel und definieren vorweg noch einen für die Betrachtung hilfreichen Begriff:

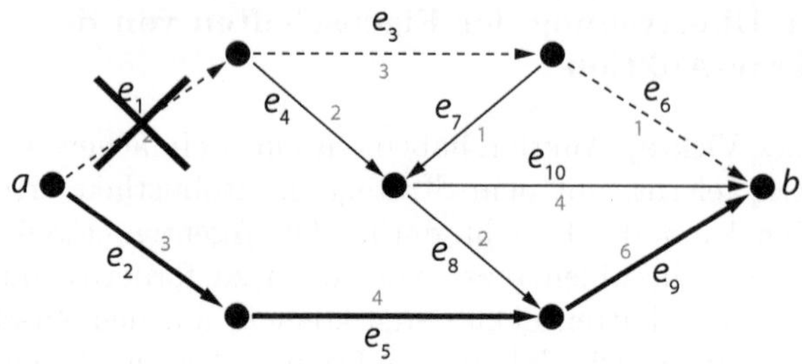

Abb. 2.13. Der günstigste 1-vermeidende Pfad im Graphen

Definition 2.4 (k-vermeidender Pfad). *Ein k-vermei-dender Pfad von a nach b ist ein Pfad von a nach b, bei dem Agent k nicht beteiligt ist.*

Im Beispielgraph in Abb. 2.13 ist der eigentlich günstigs-te Pfad gestrichelt markiert und hat insgesamt die Kosten $c_1 = 6$. Würde der Agent, der die Kante e_1 besitzt, nicht am Mechanismus teilnehmen, so hätte der dann günstigste Pfad höhere Kosten: Er würde über die Kanten (e_2, e_5, e_9) verlaufen und hätte insgesamt die Kosten $c_2 = 13$. Dieser 1-vermeidende Pfad ist fett hervorgehoben. Der Agent der Kante e_1 hätte also höchstens die Kosten $2 + c_2 - c_1 = 2 + 13 - 6 = 9$ deklarieren können, so dass der günstigs-te Pfad nicht teurer ist als der günstigste diesen Agenten vermeidende Pfad. Wenn wir dem Agenten unabhängig von seiner Deklaration diesen für ihn optimalen Wert bezahlen, wird er keinen Anreiz zu einer Falschdeklaration haben.

Es ist leicht ersichtlich, dass dieser zusätzliche Betrag, den ein Agent deklarieren könnte, nicht bei allen Agenten gleich hoch sein muss: Abb. 2.14 zeigt die jeweils höchst-mögliche Deklaration für alle am kürzesten Pfad beteiligten Agenten. Würde ein Agent einen höheren Betrag deklarie-

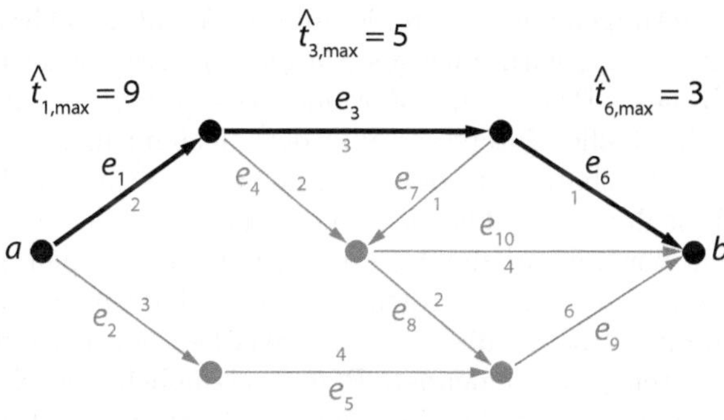

Abb. 2.14. Die maximal mögliche Deklaration ist je nach Agent verschieden hoch

ren, wäre seine Kante nicht mehr am kürzesten Pfad beteiligt und er würde den Zuschlag verlieren.

Der Betrag $c_2 - c_1$, den ein am günstigsten Pfad beteiligter Agent *zusätzlich* zu seiner Deklaration bezahlt bekommt, kann auch unter einem anderen Blickwinkel verstanden werden: Er entspricht genau dem Betrag, um den der Agent durch seine Teilnahme am Routing das Gesamtergebnis verbessert. Würde der Agent mit seiner Kante nämlich nicht am Routing teilnehmen, so müsste ein teurerer Pfad gewählt werden. Hat der günstigste Pfad Kosten von 6, der günstigste 1-vermeidende Pfad Kosten von 13, so verbessert Agent 1 durch seine Teilnahme das Gesamtergebnis um 7. Diese Summe bekommt er zusätzlich zu seiner Deklaration bezahlt. Verbessert er das Gesamtergebnis nicht, bekommt er auch keine zusätzliche Zahlung: Existieren zwei günstigste Pfade, so wird einer dieser Pfade zufällig gewählt. Die daran beteiligten Agenten bekommen jedoch nur ihre deklarierten Kosten erstattet, ohne eine Zusatzzahlung. Eine solche Zahlungsfunktion, die an den marginalen

Verbesserungen ausgerichtet ist, die ein Agent dem Gesamt-system zufügt, wird auch als *Marginal pricing* bezeichnet. Durch dieses Prinzip des *Marginal pricing* hat jeder Agent ein individuelles Interesse, dass der Mechanismus das für die Gemeinschaft bestmögliche Ergebnis erreicht – da dieses Ergebnis durch eine korrekte Typdeklaration aller Agenten erreicht wird, geben die Agenten ihre wahren Typen an.

Die Summe, die ein Agent i vom Mechanismus bezahlt bekommt, ist somit die Differenz zwischen den Kosten des günstigsten i-vermeidenden Pfades abzüglich der Kosten des günstigsten Pfades, bei dem die Kosten von Agent i mit 0 angenommen werden. Im Folgenden bezeichnen wir die Kosten des günstigsten Pfades von a nach b im Graphen G mit c_G. Die Kosten des günstigsten Pfades, bei dem die beteiligte Kante von Agent i die Kosten 0 hat, bezeich-nen wir mit $c_{G|t_i=0}$. Den günstigsten i-vermeidenden Pfad bezeichnen wir mit $c_{G|t_i=\infty}$, da dieser Pfad dann der güns-tigste ist, wenn eine Kante eines Agenten i des günstigsten Pfades unendliche Kosten verursacht. Damit ergibt sich für den Mechanismus folgende Zahlungsfunktion:

Fall 1: Agent i ist am günstigsten Pfad beteiligt.

$$p_i(t) = c_{G|t_i=\infty} - c_{G|t_i=0} \qquad (2.1)$$

Fall 2: sonst

$$p_i(t) = 0$$

Damit ist der Mechanismus für Shortest-Path-Routing komplett definiert. Zu bemerken ist, dass in Gleichung 2.1 die beiden Summanden und damit die Zahlungsfunktion unabhängig vom Typ des betroffenen Agenten sind. Dassel-be gilt im zweiten Fall. Dadurch ist der Mechanismus an-reizkompatibel, es gilt $s(t) = t$ für alle Typprofile t. Neben dieser Anreizkompatibilität haben wir auch die höhere An-forderung der Strategischen Robustheit dem Mechanismus zugrunde gelegt. Dass auch diese Anforderung mit diesem Zahlungsschema erfüllt wird, wird weiter unten bewiesen.

Fassen wir unsere Ergebnisse zusammen und definieren den vollständigen Mechanismus:

Definition 2.5 (Shortest-Path-Mechanismus).
Für den Mechanismus $\mathcal{M}_{SP} = (\Sigma, g(\cdot), p_1(\cdot), \ldots, p_n(\cdot))$ für Shortest-Path-Routing gilt:

- *Strategiemenge $\Sigma = T = \mathbb{R}$*
- *Ergebnisfunktion $g(\cdot)$ gibt die Menge aller Kanten des günstigsten Pfades von a nach b zurück, wobei die Kosten der jeweiligen Kante von Agent i mit $s_i(t_i)$ angenommen werden. Bei mehreren gleich günstigen Pfaden wird aus diesen zufällig ein Pfad gewählt.*
- *Zahlungsfunktionen*

$$p_i(\cdot) = \begin{cases} c_{G|t_i=0} - c_{G|t_i=\infty} & \text{wenn Kante } i \text{ Teil des} \\ & \text{günstigsten Pfades} \\ 0 & \text{sonst} \end{cases}$$

2.6.2 Die Familie der VCG-Mechanismen

Mit diesen Ergebnis- und Zahlungsfunktionen ist unser Mechanismus ein sogenannter Clarke-Mechanismus und damit Mitglied einer besonderen Familie von Mechanismen, den *Vickrey-Clarke-Groves-Mechanismen* (VCG-Mechanismen) [91, 17, 46]. VCG-Mechanismen sind die wohl bedeutendste Erkenntnis des klassischen Mechanismusdesigns. Es handelt sich dabei um effiziente und strategisch robuste Mechanismen für Agenten mit quasilinearen Nutzenfunktionen, die in Spezialfällen wie z. B. der kombinatorischen Auktion zudem individuell-rational und schwach Budget-ausgeglichen sein können. Sie stellen die einzig bekannte generelle Methode für die Entwicklung strategisch robuster Mechanismen dar. Für den Fall, dass die Form der Funktionen $v_i(\cdot)$ nicht eingeschränkt ist, ist sogar nachgewiesen, dass jeder effiziente Mechanismus mit dominanten Strategien das Ergebnis eines VCG-Mechanismus implementieren muss (siehe [60, S. 879 f.]).

Definition 2.6 (Vickrey-Clarke-Groves-Mechanismus). *Ein VCG-Mechanismus ist ein direkt-enthüllender Mechanismus für Agenten mit quasilinearen Nutzenfunktionen. Die Ergebnisfunktion hat dabei die Form*

$$g(t) \in \arg_{o \in \mathcal{O}} \max \sum_{i=1}^{n} v_i(t_i, o)$$

Die Zahlungsfunktionen sind von der Form

$$p_i(t) = \sum_{j \neq i} v_j(o, t_j) + h_i(t_{-i})$$

wobei h_i eine beliebige Funktion von t_{-i} ist.

Es ist leicht ersichtlich, dass unser Shortest-Path-Mechanismus zur Familie der VCG-Mechanismen gehört: Die Summe $\sum_{j \neq i} v_j(t_j, o)$ in der Zahlungsfunktionen aus voriger Definition entspricht in Gleichung 2.1 dem Ausdruck $-c_{G|t_i=0}$; die Funktion $h_i(t_{-i})$ ist dort $c_{G|t_i=\infty}$.

In einem VCG-Mechanismus hängt die Bezahlung eines Agenten i nicht direkt von seiner Typdeklaration, sondern nur von deren Einwirkung auf das Gesamtergebnis ab. Wenn seine Typdeklaration das Gesamtergebnis beeinflusst, entspricht seine Bezahlung genau dem (positiven oder negativen) Einfluss seiner Deklaration auf alle anderen Agenten $j \neq i$. Die Zahlungsfunktionen gleichen also für jeden Agenten die Auswirkungen seiner Strategie auf das Gesamtsystem aus. Wenn ein Agent durch seine Deklaration das Gesamtergebnis für die anderen Agenten verschlechtert, so muss er eine Summe an den Mechanismus bezahlen.

Verbessert er das Ergebnis dagegen, so nimmt die Zahlungsfunktion einen positiven Wert an und der Agent erhält eine Zahlung vom Mechanismus. Dies führt dazu, dass jeder Agent die von ihm hervorgerufenen externen Auswirkungen „verinnerlicht". Aus Eigennützigkeit hat er selbst Interesse daran, dass das für die Gemeinschaft bestmögliche Ergebnis erreicht wird, da dann sein Nutzen maximal ist. Somit hat jeder Agent den Anreiz, seinen Typen korrekt zu deklarieren.

Neben der Strategischen Robustheit sind VCG-Mechanismen, je nach Wahl der Funktion h_i, außerdem (schwach) Budget-ausgeglichen und/oder individuell-rational. Im Falle der Zahlungsfunktion des Mechanismus, den wir für das Shortest-Path-Problem definiert haben, hat h_{-i} den Wert $c_{G|t_i=\infty}$. Dieser Spezialfall eines VCG-Mechanismus wurde unabhängig von Edward H. Clarke [17] entdeckt und heißt Clarke-Mechanismus. Clarke-Mechanismen sind individuell-rational.

Wie oben dargestellt, sind VCG-Mechanismen die einzig bekannte generelle Methode zur Konstruktion von strategisch robusten Mechanismen. Diese praktische Methode eignet sich nur zum Entwurf von *effizienten* Mechanismen. Im Algorithmic Mechanism Design existieren aber durchaus Probleme, die andere spieltheoretische Axiome als das der Effizienz verlangen. Hierzu ist beispielsweise das Task-Allokationsproblem, das Nisan und Ronen in [69] einführen, zu zählen: Es sollen k Tasks auf n Rechner so verteilt werden, dass die Zeitspanne minimiert wird, die zur parallelen Ausführung der Tasks auf allen n Rechnern benötigt wird. Wie unschwer zu sehen ist, handelt es sich hier nicht um eine effiziente soziale Entscheidungsfunktion, da nicht das Wohlergehen der Agenten maximiert, sondern die Gesamtzeit minimiert werden soll. Bei solchen „nicht-effizienten"

Problemen muss für jeden Fall ein eigener Mechanismus gefunden werden, der anreizkompatibel ist.

2.6.3 Das Problem der Überbezahlung

Aus der Zahlungsfunktion der VCG-Mechanismen ergibt sich das Problem, dass der Mechanismus, um Strategische Robustheit zu garantieren, an die Agenten Zahlungen vornehmen muss, die meist höher sind als die in Wirklichkeit entstehenden Kosten. Dieses Problem der Überbezahlungen ist dann besonders gravierend, wenn der Mechanismus wie beim Shortest-Path-Routing ein Team von Agenten beauftragen muss, gemeinsam eine Aufgabe zu lösen.

Elkind et al. zeigen in [31], warum die Situation beim Shortest-Path-Problem häufig zu großen Überbezahlungen führt: Betrachten wir die Situation aus der Perspektive eines Agenten des Gewinnerteams, das den günstigsten Pfad bildet. Gemäß dem VCG-Mechanismus bekommt jeder der an diesem Team beteiligten Agenten j zusätzlich zu seiner Deklaration die Differenz Δ_j zwischen den Kosten des günstigsten j-vermeidenden Pfades und denen des günstigsten Pfades bezahlt. Damit ist der Mechanismus gezwungen, insgesamt eine Überbezahlung von $\sum_{j=1}^{k} \Delta_j$ zu leisten, wobei k die Anzahl von Agenten des Gewinnerteams ist. Je nach Größe von k und Δ_j kann diese Überbezahlung unter Umständen ein Vielfaches der eigentlichen Kosten des günstigsten Pfades betragen. Abbildung 2.15 zeigt diesen Sachverhalt für unseren Beispielgraphen. Bei allen am kürzesten Pfad beteiligten Agenten liegt die Bezahlung deutlich über den eigentlich entstehenden Kosten. Das erfordert hohe Subventionen von außen, z. B. von staatlicher Seite und erweist sich sehr schnell als nicht praktikabel, wenn es keine geeignete Möglichkeit gibt, diese Kosten der Überbezahlungen auf alle Agenten umzulegen.

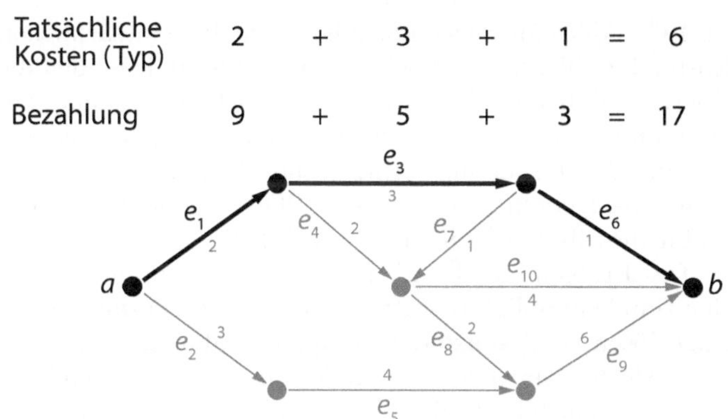

Abb. 2.15. In manchen Graphen können mit VCG hohe Überbezahlungen anfallen

Eine Forschungsrichtung des Mechanismusdesigns beschäftigt sich daher mit der Aufgabe, Mechanismen zu finden, die die Überbezahlungen minimieren. Diese Richtung entstand durch eine Integration der Forschungen zu einkommensmaximierenden Auktionen in die Forschung zu Mechanismen für das Shortest-Path-Problem.

Es wurde gezeigt, dass jeder Mechanismus mit dominanten Strategien beim Shortest-Path-Problem mit einem Graphen, der zwei disjunkte Pfade von a nach b enthält, gezwungen sein kann, $c(P) + \frac{1}{2}k(c(Q) - c(P))$ zu bezahlen, wobei $c(P)$ die Kosten des kürzesten, $c(Q)$ diejenigen des zweitkürzesten Pfades sind und k die Anzahl der Kanten in P [31]. Außerdem wurde gezeigt, dass unter Aufgabe der strengen Forderung eines dominanten Gleichgewichts ein optimaler Mechanismus mit einem schwächeren Gleichgewichtskonzept, dem Bayesschen Gleichgewicht, existiert, der im Durchschnitt höchstens einen logarithmischen Faktor mehr als die tatsächlichen Kosten bezahlt, wohingegen ein VCG-Mechanismus im Schnitt $\sqrt{k}$ mal die tatsächlichen Kosten bezahlt. In praktischen Anwendungsfällen fallen die Überbezahlungen jedoch oft nicht so hoch aus wie man befürchten könnte. So wurde für den Internetgraphen gezeigt, dass die Überbezahlung gering ausfällt [35], da zwischen jeweils zwei Knoten meist mehrere Pfade existieren, die ungefähr dieselben Kosten verursachen [53].

Das Problem der Überbezahlung lässt sich nicht durch eine simple anteilige Erstattung der zu hoch bezahlten Beträge lösen, weil sonst das komplexe Zahlungsgefüge der VCG-Mechanismen durcheinander geraten würde und die Anreizkompatibilität nicht mehr gewährleistet wäre. Betrachten wir im Folgenden der Einfachkeit wegen nicht die „umgekehrte" Auktion des Shortest-Path-Routing, bei der der Mechanismus Leistungen von den Agenten ersteigert, sondern eine Auktion, bei der die Agenten ein Objekt vom Mechanismus ersteigern. Ein einfacher Ansatz, der zur Lösung des Problems vorgeschlagen wurde, besteht darin, eine Menge von Agenten bei der Berechnung vollständig zu ignorieren. Unter diesen Agenten kann dann die Erstattungszahlung aufgeteilt werden. Ein solcher Mechanismus kann exakte Budget-Ausgeglichenheit erreichen, erzielt durch den Ausschluss von Agenten aber nicht unbedingt ein effizientes Ergebnis [33]. Cavallo [16] schlägt eine Modifikation des VCG-Frameworks vor, um Erstattungen vorzunehmen und dennoch ein effizientes Ergebnis garantieren zu können. Der Ansatz nutzt Domäneninformationen, die den Raum möglicher Bewertungen einschränken, und kann damit für einige Domänen Mechanismen konstruieren, die zwar nicht exakt Budget-ausgeglichen sind, die aber eine geringere Überbezahlung erfordern als VCG. Ein grundsätzlich anderer Ansatz besteht darin, nicht zu hohe Zahlungen zu erstatten, sondern das Setting so zu konstruieren, dass die Überbezahlungen von vornherein geringer ausfallen. Elkind [30] zeigt, dass beim Shortest-Path-Routing die Zahlungen um einen Faktor von $\Theta(n)$ reduziert werden können, wenn geeignete Kanten des Graphen vom Mechanismus nicht berücksichtigt werden. Es ist NP-hart, die beste Untermenge von Kanten zu finden, kann in bestimmten Spezialfällen jedoch approximiert werden.

2.7 Die Komplexität von Mechanismen

Für den praktischen Einsatz von Mechanismen in Computersystemen sind die Fragen von Komplexität und Laufzeit von zentraler Bedeutung. Diese Fragen wurden in der klassischen Mechanismusdesign-Literatur, die maßgeblich aus der Ökonomie stammt, lange ignoriert. Erst mit der Integration von Mechanismusdesign in die Algorithmik, vor allem mit einer einflussreichen Veröffentlichung von Nisan und Ronen [69], änderte sich dies.

2.7.1 Komplexitätsmodell für Mechanismen

Parkes [74] unterscheidet für Komplexitätsbetrachtungen bei Mechanismen vier Komplexitätsquellen auf zwei Ebenen (siehe Abb. 2.16):

1. *Agenten-Ebene*:
   - *Komplexität der Typbestimmung*: Der eigene Typ ist dem Agenten nicht immer von vornherein bekannt, sondern muss unter Umständen durch komplexe Berechnungen ermittelt werden. Bei einer Auktion muss ein Agent beispielsweise berechnen, welchen Preis er für ein Objekt zu bieten bereit ist. Im Falle des Shortest-Path-Mechanismus dürfte es

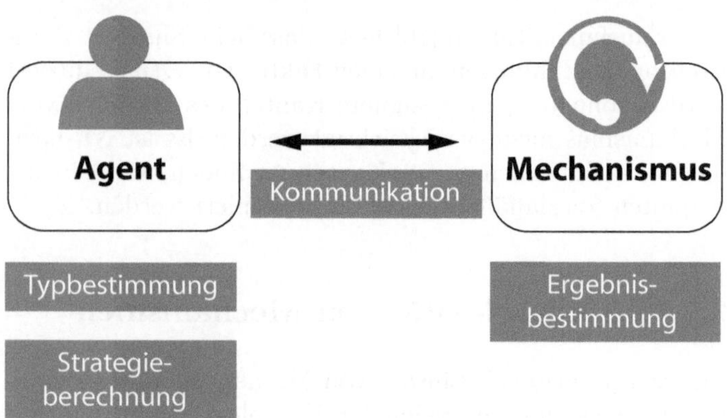

Abb. 2.16. Die vier Komplexitätsklassen bei Mechanismen

dem Agenten nicht schwer fallen, die ihm entstehenden Kosten, die er als Gebot dem Mechanismus angibt, zu ermitteln. In anderen Situationen können zur Bestimmung des eigenen Gebots allerdings komplexe Berechnungen nötig sein. So ist denkbar, dass bei der Versteigerung von Aufträgen zur Paketzustellung ein Paketzustelldienst, der sich um den Auftrag für ein Paket bewirbt, eine NP-vollständige Flottenoptimierungsberechnung durchführen muss, um seinen Gebotspreis zu bestimmen.

- *Komplexität der Strategieberechnung*: Dies ist der Aufwand, den ein Agent für eine eventuell notwendige spieltheoretische Modellierung des Verhaltens der anderen Agenten zur Bestimmung der eigenen Strategie hat.

2. *Infrastruktur-Ebene*:
   - *Komplexität der Ergebnisbestimmung*: Die Komplexität der Berechnung der Ergebnisfunktion g und der Zahlungsfunktionen p_i.

- *Kommunikationskomplexität*: Die Komplexität des Datenaustauschs zwischen Agenten und Mechanismus zur Ergebnisbestimmung.

Da wir im praktischen Einsatz weder über unbegrenzte Berechnungs- noch über unbegrenzte und kostenlose Kommunikationsressourcen verfügen, sollten die genannten Aspekte von möglichst geringer Komplexität sein.

Die theoretische Informatik ist mit Problemen dieser Natur vertraut, die Komplexität von *Algorithmen* ist sehr gut untersucht. Eine zentrale Unterscheidung ist dabei die zwischen Algorithmen, die in polynomieller Zeit berechenbar sind und die in der Klasse P liegen, und jenen, die nur mit exponentiellem Aufwand berechnet werden können. Diese sind von der Klasse NP umfasst. Algorithmen der Klasse P sind üblicherweise unproblematisch zu implementieren. Unter der sehr wahrscheinlichen Annahme, dass $P \neq NP$, sind Algorithmen der Klasse NP dagegen im Normalfall nicht effizient implementierbar. Im Folgenden soll dieser Komplexitätsansatz von Algorithmen auf zentralisierte Mechanismen übertragen werden. Dafür führten Nisan und Ronen [69] erstmals ein allgemeines Komplexitätsmodell ein.

Definition 2.7 (Polynomieller Mechanismus). *Ein Mechanismus ist in polynomieller Zeit berechenbar, wenn die Ergebnisfunktion g und die Zahlungsfunktionen p_i in polynomieller Zeit berechenbar sind.*

Für eine praktische Einsetzbarkeit ist neben dieser polynomiellen Berechenbarkeit darüber hinaus wichtig, dass der Mechanismus nur polynomiellen Kommunikationsaufwand benötigt und dass sowohl die Komplexität der Typbestimmung als auch die der Strategieberechnung der Agenten polynomiell ist.

Analog zu einem polynomiellen Mechanismus lässt sich ein NP-vollständiger Mechanismus definieren:

Definition 2.8 (NP-vollständiger Mechanismus). *Ein Mechanismus ist* NP-vollständig, *wenn die Ergebnisfunktion g oder mindestens eine der Zahlungsfunktionen p_i NP-vollständig sind.*

Wenn also das algorithmische Problem der Bestimmung der Ergebnis- oder Zahlungsfunktionen schwer ist, dann ist dies auch der Mechanismus. Uns ist keine Situation bekannt, in der umgekehrt ein leichtes algorithmisches Problem zu einem schweren Mechanismusdesign-Problem geführt hätte.

2.7.2 Analyse des Shortest-Path-Mechanismus

Anhand dieses Komplexitätsmodells für Mechanismen wollen wir nun untersuchen, ob der in diesem Kapitel vorgestellte Mechanismus für das Shortest-Path-Routing im praktischen Einsatz tatsächlich handhabbar ist. Wir analysieren den in Definition 2.5 beschriebenen Mechanismus dabei unter den vier Komplexitätsaspekten.

Die *Komplexität der Typbestimmung* ist bei diesem Mechanismus aller Voraussicht nach gering. Um seinen Typ zu bestimmen, muss ein Agent die Kosten kennen, die ihm bei der Weiterleitung einer Nachricht über seine Kante im Netzwerk entstehen. Wir nehmen an, dass jeder Agent diese leicht berechnen kann.

Die *Komplexität der Strategieberechnung* ist bei allen strategisch robusten Mechanismen, also auch dem Shortest-Path-Mechanismus, gleich null, da bei solchen Mechanismen keinerlei strategische Modellierungen vorgenommen werden müssen (siehe Abschnitt 2.4.2).

Die *Kommunikationskomplexität* kann ebenfalls als gering angenommen werden. Nach Definition des Mechanismus sendet jeder Agent einmal seinen Typ, in diesem Fall also sein Gebot, an den Mechanismus. Dieser Typ ist hier eine reelle Zahl. Eine solche reelle Zahl kann im Prinzip zwar nur durch eine unendliche Bitfolge exakt dargestellt werden, eine für praktische Anwendungen hinreichende Genauigkeit kann aber auch mit endlichen Bitfolgen, z. B. 32 Bit pro Zahl, erreicht werden. Da jeder Agent eine Nachricht an den Mechanismus sendet, ist die Kommunikationskomplexität bei fester Codierungsgröße der Zahlen linear in der Anzahl der Agenten.

Für die Bestimmung des Ergebnisses und der Zahlungen sind eine Shortest-Path-Berechnung mit allen Kanten und jeweils eine Berechnung, bei der eine der Kanten des kürzesten Pfades aus dem Graphen entfernt wird, erforderlich. Dies sind insgesamt also maximal $n + 1$ Shortest-Path-Berechnungen. Diese Berechnungen können mit dem Algorithmus von Dijkstra [25, 21, Kap. 24.3] durchgeführt werden, wobei für die Kantenkosten $c_i = t_i$ gesetzt wird. Der Algorithmus findet den kürzesten Pfad in einem nichtnegativen Netzwerk in $O(m \log(m)+n)$, wobei m die Anzahl der Knoten und n die der Kanten ist. Mit $n+1$ Durchläufen ergibt sich dann eine *Komplexität der Ergebnisbestimmung* von $O(m^2 \log(m) + mn)$. Der Mechanismus entspricht damit der Definition eines polynomiellen Mechanismus aus Abschnitt 2.7. Hershberger und Suri stellen in [47] einen Algorithmus vor, der die Ergebnisfunktion sogar in Zeit $O(n \log m)$ berechnet.

Somit sind im Mechanismus für Shortest-Path-Routing alle vier Komplexitätsaspekte unkritisch und der Mechanismus ist algorithmisch effizient implementierbar.

3

Mechanismen von nicht-polynomieller Komplexität

Im vorigen Kapitel haben wir einen Mechanismus für das Shortest-Path-Routing kennengelernt, der neben guten ökonomischen und spieltheoretischen Eigenschaften auch unter algorithmischen Gesichtspunkten unproblematisch ist. Dies ist jedoch nicht bei allen Mechanismen der Fall. So existieren wichtige Mechanismen, deren Funktionen zur Ergebnisbestimmung NP-hart sind oder die einen exponentiellen Kommunikationsaufwand erfordern. In den vergangenen Jahren beschäftigte sich die Forschung in der Informatik zunehmend mit diesen Problembereichen und entwickelte Ansätze, die eine effiziente algorithmische Implementierung dieser Mechanismen erlauben.

In diesem Kapitel sollen die zentralen Problembereiche bei der Implementierung von Mechanismen aufgezeigt und, basierend auf aktuellen Veröffentlichungen, grundlegende Ansätze vorgestellt werden, mit solchen „schweren" Mechanismen umzugehen und algorithmisch effiziente Implementierungen zu finden. Dafür wird uns während des Kapitels das Beispiel der kombinatorischen Auktion begleiten, an dem sich die Problembereiche anschaulich studieren lassen.

Wir werden sehen, dass eine algorithmische Behandelbarkeit eines „schweren" Mechanismus im Allgemeinen nicht kostenlos erreicht werden kann: Der Preis, der dafür bezahlt werden muss, liegt üblicherweise in einer Verschlechterung seiner ökonomischen und spieltheoretischen Eigenschaften.

3.1 Das Beispiel der kombinatorischen Auktion

Die kombinatorische Auktion ist eine Verallgemeinerung der einfachen Auktionen, wie wir sie im vorigen Kapitel kennen gelernt haben. Bei kombinatorischen Auktionen können nicht nur Gebote auf *einzelne*, sondern auch auf *Kombinationen* von Objekten gegeben werden. Abbildung 3.1 verdeutlicht dies. Auf die sinnvolle Kombination von linker und rechter Socke kann ein hohes Gebot gesetzt werden, während eine einzelne Socke wertlos ist. Wenn hier von Objekten die Rede ist, so muss es sich dabei nicht um physische Gegenstände handeln. Objekte können z. B. auch Dienstleistungen oder bestimmte Rechte sein.

Die kombinatorische Auktion hat viele Anwendungen, z. B. die Versteigerung von Computerressourcen, von Funklizenzen oder von Start- und Landeslots an Flughäfen. Auch das Shortest-Path-Routing, das wir im vorigen Kapitel kennen gelernt haben, kann unter leichten Modifikationen auf einer kombinatorischen Auktion beruhen: Wenn jeder Agent nicht nur eine, sondern mehrere Kanten besitzen kann, könnte er Gebote für die Nachrichtenweiterleitung über Kombinationen seiner Kanten abgeben. Da Bewertungen auf Kombinationen von Objekten präziser ausgedrückt werden können als bei einer Standardauktion, führt die kombinatorische Auktion in solchen Fällen zu einer höheren ökonomischen Effizienz. Prinzipiell kann eine kom-

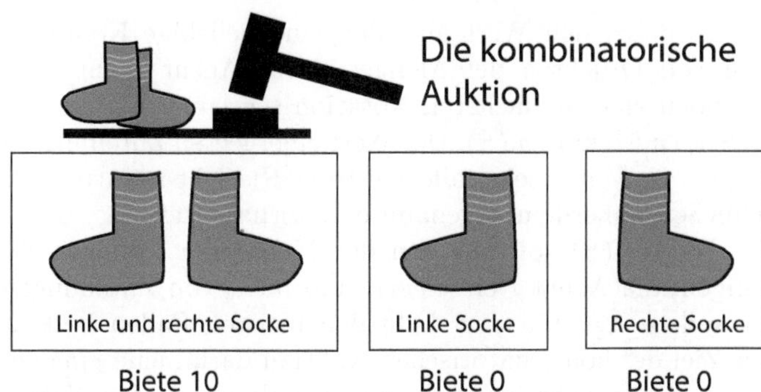

Abb. 3.1. Bei einer kombinatorischen Auktion können Gebote auf Kombinationen von Objekten abgegeben werden

binatorische Auktion zwar durch mehrere Auktionen von einzelnen Objekten approximiert werden, ein solches Vorgehen führt aber häufig zu ineffizienten Ergebnissen [15].

Betrachten wir nun die formale Notation. Es sei eine Menge $M = \{1, ..., m\}$ von Objekten unter n Bietern aufzuteilen. Die Ergebnismenge möglicher Aufteilungen sei

$$\mathcal{O} = \{(S_1, \ldots, S_n) \in M^n | \forall i, j : i \neq j \Rightarrow S_i \cap S_j = \emptyset\}$$

wobei S_i der Zuteilung eines Bündels von Objekten an Agent i entspricht. Offensichtlich kann nach dieser Definition jedes Objekt nur genau einmal vergeben werden – es handelt sich um eine sogenannte *Single-unit*-Auktion. Prinzipiell sind auch Auktionen denkbar, bei denen jedes Objekt mehrfach vergeben werden kann. Solche *Multi-unit*-Auktionen werden in diesem Buch nicht untersucht.

Gemäß dem Modell von Abschnitt 2.3 hat jeder Agent einen Typ t_i. Der (quasilineare) Nutzen einer Zuteilung des Bündels S, die mit einer Zahlung p_i verbunden ist, sei $u_i(S, p_i, t_i) = v_i(S, t_i) + p_i$. Die Funktion $v_i : 2^M \times T \to \mathbb{R}_+$

drückt dabei den Wert aus, den eine beliebige Kombination von Objekten der Menge M für Agent i hat. Aus Gründen einer einfacheren Notation schreiben wir anstatt $v_i(S, t_i)$ auch kurz $v_i(S)$. Der Wert einer leeren Zuteilung sei $v_i(\emptyset) = 0$. Weiter seien alle Werte $v_i(S)$ nicht-negativ. Wir schließen außerdem sogenannte Externalitäten aus, d. h., der Wert $v_i(S)$ soll nur von der Menge der Objekte abhängen, die Agent i ersteigert, und nicht von Zuteilungen an andere Agenten $j \neq i$. In den meisten Fällen besteht das Ziel der kombinatorischen Auktion darin, eine *effiziente* Zuteilung zu finden, d. h. eine Zuteilung, die den *Nutzen der Gemeinschaft*, die Summe der Werte v_i aller Agenten maximiert:

$$S^* = \arg \max_{S=(S_1,\ldots,S_n)} \sum_{i=1}^{n} v_i(S_i)$$

Welche Motivation haben Bieter, Gebote auf eine Kombination von Objekten abzugeben und nicht getrennt auf mehrere einzelne Objekte? Es gibt Situationen, in denen eine bestimmte Kombination von Objekten mehr oder weniger wert ist als deren Einzelwerte. So wäre es z. B. möglich, dass ein Bieter für eine einzelne linke oder rechte Socke ein Gebot in Höhe von 0 abgibt, für die für Kombination von linker und rechter Socke aber 10. Bei einer Auktion von Berechnungsressourcen ist ein Bieter unter Umständen bereit, für zwei direkt aufeinander folgende Intervalle von Rechenzeit mehr zu bezahlen, als die Summe ihrer Einzelwerte, da er somit umfangreiche Berechnungen schnell durchführen kann. Dieses Konzept, wenn $v_i(A \cup B) > v_i(A) + v_i(B)$, wird als *Ergänzbarkeit (Complementarity)* bezeichnet. Andererseits sind Situationen denkbar, in denen mehrere Objekte zusammen für den Bieter weniger Wert bedeuten als die Summe ihrer Einzelwerte. Dies könnte z. B. der Fall sein, wenn ein Bieter sowohl ein grünes als auch ein rotes

T-Shirt bekommt, obwohl er eigentlich nur eines benötigt. Zwei Intervalle von Berechnungszeit, die weit auseinander liegen, sind dem Bieter vielleicht weniger wert als die Summe ihrer Einzelwerte. Dies könnte darin begründet sein, dass der Bieter umfangreiche Berechnungen, die mehr Rechenzeit als ein einziges Intervall benötigen, schneller auf anderen Rechnern abschließen kann. Eine solche Situation, wenn $v_i(A \cup B) < v_i(A) + v_i(B)$, wird als *Ersetzbarkeit (Substitutability)* bezeichnet.

Ein Mechanismus, der das kombinatorische Auktionsproblem optimal löst, ist die sogenannte *verallgemeinerte Vickrey-Auktion (GVA)*. Die GVA gehört zur Familie der Vickrey-Clarke-Groves-Mechanismen und ist eine Verallgemeinerung der Vickrey-Auktion für einzelne Objekte, wie wir sie im vorigen Kapitel kennen gelernt haben. Es handelt sich dabei um einen direkt-enthüllenden Mechanismus. Das bedeutet, dass alle Agenten zunächst ihren Typ deklarieren, der hier aus einer Menge $B_i = (b_{i,1}, \ldots, b_{i,j})$ von atomaren Geboten auf alle möglichen Kombinationen von Objekten besteht, also 2^m atomaren Geboten pro Agent. Ein atomares Gebot hat dabei die Form $b_{i,j} = (S_{i,j}, \hat{v}_i(S_{i,j}))$. Die Werte $\hat{v}_i(\cdot)$ der Gebote müssen nicht unbedingt den korrekten Werten $v_i(\cdot)$ entsprechen. Die Agenten können auch hier – wie wir bereits im vorigen Kapitel gesehen haben – bei der Typdeklaration falsche Angaben machen, weil die Typen nur ihnen privat bekannt sind. Ein Beispiel: Sei die Menge der zu versteigernden Objekte $M = \{$linke Socke, rechte Socke, T-Shirt$\}$. Der Typ eines Agenten könnte dann folgendem Gebot entsprechen:

$$B_i = ((\{\text{linke Socke}\}, 0), (\{\text{rechte Socke}\}, 0),$$
$$(\{\text{T-Shirt}\}, 20), (\{\text{linke Socke, T-Shirt}\}, 19),$$
$$(\{\text{rechte Socke, T-Shirt}\}, 19),$$
$$(\{\text{linke Socke, rechte Socke}\}, 10),$$
$$(\{\text{linke Socke, rechte Socke, T-Shirt}\}, 35),$$
$$(\emptyset, 0))$$

Wenn alle Typen B_i übermittelt sind, berechnet der Mechanismus das Ergebnis o und die Zahlungen p_i.

Die GVA verfügt über sehr gute ökonomische und spieltheoretische Eigenschaften. Sie ist effizient, strategisch robust, individuell-rational und schwach Budget-ausgeglichen für Agenten mit quasilinearer Nutzenfunktion [74]. Dagegen stellt uns die GVA unter algorithmischen Gesichtspunkten vor verschiedene Schwierigkeiten (siehe auch Abb. 3.2):

1. *Ergebnisbestimmung*: Jeder optimale Algorithmus zur Lösung des kombinatorischen Allokationsproblems ist NP-hart.
2. *Typbestimmung*: Die Agenten müssen für jedes ihrer 2^m atomaren Gebote, die zusammen den Typ des Agenten bilden, einen Wert berechnen. Jedes dieser atomaren Gebote kann unter Umständen die Lösung eines NP-harten Problems verlangen.
3. *Kommunikation*: Die Agenten müssen für jede Untermenge von Objekten $S \subseteq M$ ein atomares Gebot b übermitteln. Es existieren 2^m Untermengen. Die zu übermittelnde Informationsmenge ist also exponentiell in der Anzahl der zu versteigernden Objekte.

Es liegt hier somit eine Kombination von algorithmischen Problemstellungen, von Schwierigkeiten bei der effizienten Darstellung und Übermittlung von Geboten und von

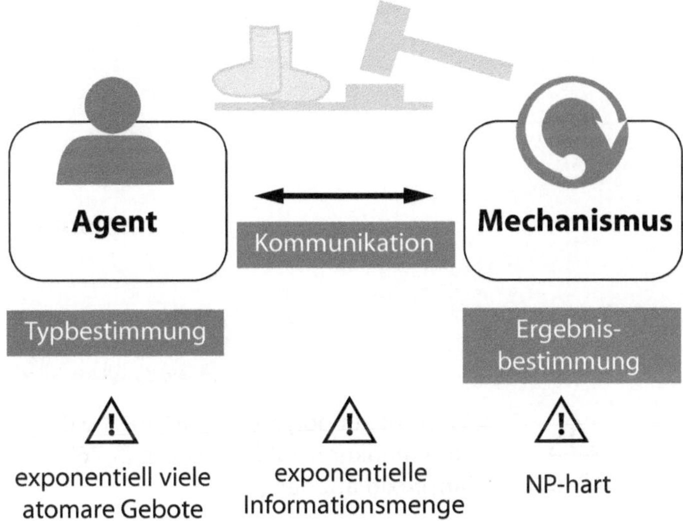

Abb. 3.2. Die algorithmischen Problembereiche von Mechanismen für die kombinatorische Auktion

der spieltheoretischen Herausforderung, die Anreizkompatibilität zu wahren, vor. Zur Lösung dieser Probleme, die auch für andere nicht-polynomielle Mechanismen repräsentativ sind, wurden in der Literatur verschiedene Ansätze vorgestellt, über die dieses Kapitel einen Überblick gibt.

3.2 Komplexität der Ergebnisbestimmung

Von allen drei zu analysierenden Komplexitätsarten bei der kombinatorischen Auktion sind Ansätze für eine Reduzierung der Komplexität der Ergebnisbestimmung am besten untersucht.

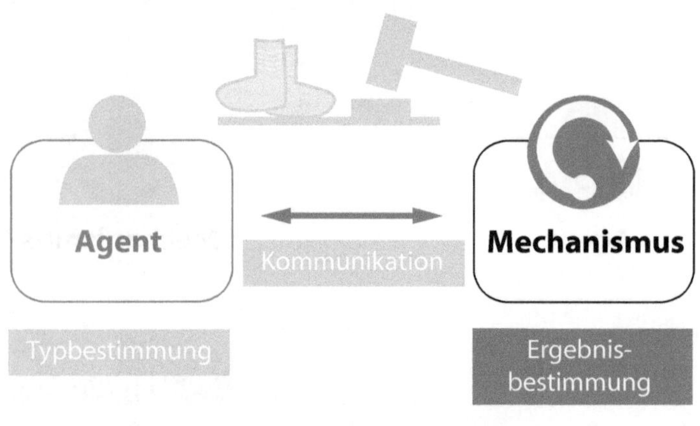

Abb. 3.3. Ansätze für eine effiziente Ergebnisbestimmung bei der kombinatorischen Auktion

Durch eine Reduktion von dem in der theoretischen Informatik bekannten WEIGHTED SET PACKING kann gezeigt werden, dass das kombinatorische Allokationsproblem NP-hart ist [81]. Unter der Annahme, dass gilt $\mathbf{P} \neq \mathbf{NP}$, können wir somit keinen Algorithmus mit effizienter Laufzeit finden, der das Problem optimal löst. Es wurde sogar gezeigt, dass wir nicht einmal eine vernünftige Approximation in polynomieller Laufzeit garantieren können [83].

In solch einem Fall sind mehrere Ansätze denkbar (siehe Abb. 3.3). Einerseits können Algorithmen entwickelt werden, die das Problem optimal lösen, allerdings keine polynomielle Worst-Case-Laufzeitgarantie geben können. Diese Algorithmen erreichen meist jedoch nur für relativ kleine Probleminstanzen gute Ergebnisse. Andererseits existieren unter Umständen Spezialfälle des Problems, die in polynomieller Zeit optimal gelöst werden können. Ist die zu lösende Probleminstanz groß und nicht auf Spezialfälle einschränkbar, so bieten sich (trotz der oben gezeigten schlechten Worst-Case-Laufzeit) Approximationsalgorithmen an. Im Folgenden soll jede dieser Möglichkeiten untersucht werden.

3.2.1 Optimale Lösung ohne polynomielle Laufzeitgarantie

Eine denkbare Variante zur Lösung des kombinatorischen Auktionsproblems bei sehr kleinen Probleminstanzen besteht in der **vollständigen Suche**, einem simplen Durchprobieren aller möglichen Lösungen. Dafür müssen alle möglichen Aufteilungen der Menge M der zu versteigernden Objekte unter den Bietern überprüft werden. Abbildung 3.4 stellt für ein Beispiel mit vier zu versteigernden Objekten

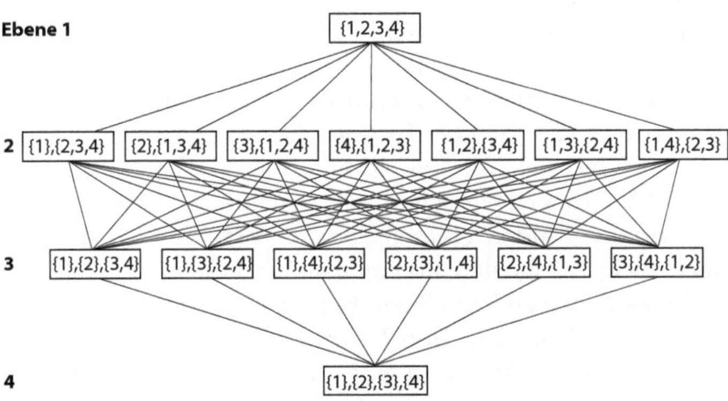

Abb. 3.4. Die Menge von vollständigen Partitionen in einem Beispiel mit vier Objekten

alle möglichen Aufteilungen (vollständige Partitionen) der Menge dar. Eine vollständige Partition ist eine Partition einer Menge, in der jedes Element der Menge in genau einer Untermenge der Partition enthalten ist. Jede Teilmenge der vollständigen Partition werde dabei an einen Bieter vergeben. Für jede dieser Partitionen muss der Algorithmus den maximalen Wert bestimmen, der mit dieser Aufteilung der Menge unter den Bietern erreicht werden kann. Schließlich wird diejenige Partition gewählt, die unter allen Partitionen den höchsten Wert hat. Die einzelnen Teilmengen werden dann jeweils an den Bieter vergeben, der unter allen Bietern für diese Teilmenge das höchste Gebot abgegeben hat.

In einem ersten Schritt müssen sämtliche Partitionen der Menge betrachtet werden. Hier wird zunächst noch keine Aussage über die Zahl der Bieter oder die Aufteilung unter ihnen getroffen. Doch bereits dieser Schritt ist nicht in polynomieller Zeit durchführbar, denn die Anzahl der vollständigen Partitionen ist exponentiell in der Anzahl der Objekte [83].

In Abb. 3.4 haben wir gesehen, dass eine Menge mit 4 Objekten in 15 verschiedene Partitionen aufgeteilt werden kann. Diese Anzahl wächst enorm schnell: Eine Menge mit 8 Objekten ist bereits in 4139 Partitionen aufteilbar, eine Menge mit 12 Objekten in über 4 Millionen. Somit ist es nur dann möglich, alle Partitionen zu betrachten, wenn die Zahl der Objekte sehr klein ist (ungefähr ein Dutzend).

Für das Finden eines optimalen Ergebnisses ist es jedoch nicht nötig, den maximalen Wert für jede Partition vollständig neu zu berechnen. Ein Algorithmus, der auf dem Prinzip der **dynamischen Programmierung** basiert, legt alle berechneten Werte in einer Matrix für spätere Zugriffe ab. Er berechnet zunächst die maximalen Werte $v(S)$ für die kleinsten Teilmengen S mit $|S| = 1$. Davon ausgehend werden dann die Werte für immer größere Teilmengen berechnet. Dabei kann der Algorithmus auf schon gespeicherte Werte zurückgreifen: Der maximale Wert einer Menge S ergibt sich nämlich entweder aus einem Gebot für die komplette Menge S oder Geboten für zwei disjunkte Untermengen von S. Die maximalen Werte für diese Untermengen sind aber schon in einem früheren Schritt berechnet und in der Matrix abgespeichert worden. So müssen diese Werte nicht immer wieder erneut berechnet werden, das dynamische Programm spart also Berechnungsaufwand. Da ein solcher Algorithmus aber dennoch jede Teilmenge der m zu versteigernden Objekte aus M einmal betrachten muss, gilt für seine Laufzeit $\Omega(2^m)$. Sandholm stellt einen Algorithmus mit dynamischer Programmierung vor, der eine Worst-Case-Laufzeit von $O(3^m)$ besitzt [83]. Dies ist besser als eine vollständige Suche, aber immer noch zu komplex für eine große Anzahl von Objekten. Bei kleinen Probleminstanzen in der Größenordnung von 20 bis 30 Objekten erreicht eine solche Lösung jedoch akzeptable Laufzeiten.

Bessere Average-Case-Laufzeiten erreichen Suchalgorithmen, die auf komplexen **Heuristiken** beruhen, die immer ein optimales Ergebnis finden. Da das kombinatorische Auktionsproblem jedoch NP-hart ist, können auch diese Heuristiken keine polynomiellen Worst-Case-Garantien liefern. Sandholm und Suri stellen in [84] einen Suchalgorithmus vor, der im Average-Case sehr gute Laufzeit besitzt. Sie machen sich die Eigenschaft zunutze, dass im Normalfall nur auf einen kleinen Bruchteil der möglichen 2^m Teilmengen der Menge M Gebote abgegeben werden. Im Gegensatz zu dem obigen dynamischen Programm durchsucht dieser Algorithmus nur die Menge der relevanten Partitionen. Die Laufzeit hängt damit von der Anzahl der abgegebenen Gebote ab.

3.2.2 Beschränkung auf Spezialfälle

Ein weiterer Ansatz im Umgang mit NP-harten Problemen besteht in der Beschränkung auf Spezialfälle des allgemeinen Problems, die in Polynomialzeit gelöst werden können. Diese Spezialfälle können erzwungen werden, indem die den Agenten zur Verfügung stehende Sprache zur Codierung und Übermittlung ihrer Typen (siehe Abschnitt 3.4) so gestaltet ist, dass nur diese Spezialfälle ausgedrückt werden können. Eine solche Einschränkung führt jedoch zu geringerer ökonomischer Effizienz, da die Agenten unter Umständen nicht mehr ihren wahren Typ ausdrücken können, im Beispiel der kombinatorischen Auktion also die wahren Werte, die die Kombinationen von Objekten für sie haben. Es ist andererseits auch die Konstruktion eines Algorithmus denkbar, der das allgemeine Problem in Polynomialzeit *approximativ* löst, das Auftreten eines Spezialfalls aber erkennt und dann die Probleminstanz in Polynomialzeit *optimal* löst.

Solche polynomiell lösbaren Spezialfälle des kombinatorischen Auktionsproblems liegen beispielsweise dann vor, wenn jede Untermenge, für die ein Gebot abgegeben wird, höchstens aus zwei Objekten besteht [83]. Dann kann das optimale Ergebnis in Zeit $O(m^3)$ bestimmt werden (m ist die Anzahl der zu versteigernden Objekte). Sobald die Untermengen jedoch drei Objekte haben können, ist das Problem NP-hart.

Eine optimale Lösung in Polynomialzeit ist auch dann möglich, wenn die Objekte der Menge M linear geordnet sind und Gebote nur auf ein zusammenhängendes Intervall von Objekten abgegeben werden können. Ein solches Problem kann in Zeit $O(m + n)$ gelöst werden [84], wobei n die Anzahl der Bieter ist. Für eine Darstellung weiterer

polynomieller Spezialfälle des kombinatorischen Auktionsproblems sei auf [83] verwiesen.

3.2.3 Approximationen

Eine in der Informatik zentrale Herangehensweise zur Lö-
sungsfindung bei NP-harten oder NP-vollständigen Problemen besteht in der Konstruktion von Approximationsver-
fahren. Diese lösen das Problem zwar nur näherungswei-
se, dafür jedoch mit besseren Laufzeiten. Bei vielen NP-
vollständigen Problemen kann so eine polynomielle Laufzeit und zugleich ein guter Approximationsfaktor garantiert
werden. Wie wir sehen werden, können selbst im Fall des
kombinatorischen Auktionsproblems, für das auch im Ap-
proximationsfall keine vernünftige Worst-Case-Laufzeit garantiert werden kann, durch Approximationen im Average-
Case gute Laufzeiten erzielt werden.

Unapproximierbarkeit von VCG

Im vorigen Kapitel haben wir mit den VCG-Mechanismen
eine elegante Methode für die Konstruktion von effizienten
strategisch robusten Mechanismus kennen gelernt. Die Vorgehensweise ist generell für jedes effiziente Mechanismusdesignproblem anwendbar und denkbar einfach: Man wähle
einen Algorithmus, der ein ökonomisch effizientes Ergebnis bestimmt, und bezahle die Agenten nach dem in Abschnitt 2.6.2 definierten VCG-Zahlungsschema. Damit ist
ein strategisch robuster Mechanismus konstruiert. In Fällen, wie denen der kombinatorischen Auktion, in denen Approximationsalgorithmen verwendet werden sollen, ist der
Gedanke naheliegend, den dem VCG-Mechanismus zugrunde liegenden (exakten) Algorithmus zur Ergebnisbestimmung durch einen Approximationsalgorithmus zu ersetzen.

Solch ein Mechanismus wird als *VCG-basierter Mechanismus* [70] bezeichnet. Offensichtlich ist ein VCG-basierter Mechanismus, der auf einem optimalen Algorithmus basiert, ein VCG-Mechanismus.

Ein für uns schlechtes Ergebnis besagt, dass ein VCG-basierter Mechanismus mit approximativer Ergebnisfunktion in beinahe allen Fällen dazu führt, dass die wichtige Eigenschaft der Strategischen Robustheit verloren geht [70] (Abb. 3.5).

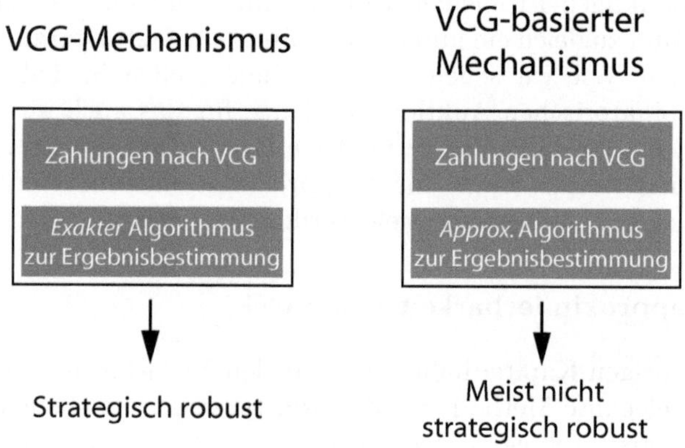

Abb. 3.5. VCG-basierte Mechanismen sind meist nicht mehr strategisch robust

Das ist intuitiv leicht einzusehen: Wir erinnern uns, dass Strategische Robustheit dann gegeben ist, wenn eine wahrheitsgemäße Typdeklaration t_i den jeweiligen Nutzen aller Agenten i unter allen möglichen Typdeklarationen maximiert. Die Agenten können das Ergebnis also nicht durch falsche Deklarationen verbessern. Bei einem approximativen Algorithmus zur Ergebnisbestimmung wählt der Mechanismus dagegen das approximierte Ergebnis $g'(t_i, t_{-i})$, das möglicherweise nicht mit dem optimalen Ergebnis $g(t_i, t_{-i})$ übereinstimmt und zu einem geringeren Nutzen führt. In solch einem Fall würden die Agenten das optimale Ergebnis bevorzugen. Eventuell stellt ein Mechanismus nun nach einiger Erfahrung mit einem bestimmten Mechanismus fest, dass in bestimmten Situationen das Ergebnis verbessert wird, wenn er einen falschen Typ $\hat{t}_1$ deklariert. Es ist damit nicht mehr garantiert, dass die Agenten ihre Typen in jedem Fall wahrheitsgemäß deklarieren. Ein suboptimaler VCG-basierter Mechanismus ist also nicht mehr strategisch robust.

Wenn nun aber VCG-basierte Mechanismen, die nicht optimal sind, die wichtige Eigenschaft der Strategischen Robustheit verlieren, so folgt daraus, dass die generelle Methode der VCG-Mechanismen mit suboptimalen Algorithmen zur Ergebnisbestimmung nicht mehr funktioniert. In der Literatur werden dafür verschiedene Problemlösestrategien diskutiert. Es wurden Ansätze entwickelt, die die Eigenschaft von VCG beibehalten, eine generelle Methode zu sein, die unabhängig vom Anwendungsfall funktioniert. Dafür werden Einschränkungen beim Gleichgewichtsmodell in Kauf genommen. Wir werden im Folgenden zunächst zwei dieser Ansätze kurz vorstellen. Eine andere – häufiger gewählte – Vorgehensweise besteht darin, sich von der generellen VCG-Methode abzukehren und einen spezifisch auf den jeweiligen Anwendungsfall zugeschnittenen Mechanismus zu konstruieren. Dieser kann ein anderes als das VCG-Zahlungsschema verwenden. Es können jedoch auch VCG-Zahlungen mit einer spezifischen „trickreicheren" Art, das Ergebnis zu approximieren, kombiniert werden, um die Anreizkompatibilität zu garantieren. Wir werden wesentliche Ergebnisse aktueller Forschung, die dieses Vorgehen einsetzt, im Anschluss zusammenfassen.

Allgemeine Techniken für Approximationen mit VCG-Zahlungsschemata

Appeal-Funktionen

Nisan und Ronen stellen in [70] eine generelle Methode vor, die eine wahrheitsgemäße Typdeklaration auch bei VCG-basierten Mechanismen mit suboptimalen Ergebnisfunktionen garantiert. Dieser Ansatz ist unabhängig vom konkreten Anwendungsfall auf alle VCG-basierten Mechanismen anwendbar.

Wir haben oben bereits festgestellt, dass Agenten bei VCG-basierten Mechanismen dann einen falschen Typ deklarieren, wenn sie dadurch hoffen, das Ergebnis des Algorithmus zu verbessern. Wenn dies gelingt, ist das sowohl für den Mechanismus als auch für alle Agenten von Vorteil. Das liegt an dem ausgeklügelten Zahlungsschema der VCG-Mechanismen (siehe Abschnitt 2.6.2), das so gestaltet ist, dass jeder Agent dann den höchsten *individuellen* Nutzen erzielt, wenn das Ergebnis für die *Gemeinschaft* am effizientesten ist. Ein suboptimaler Algorithmus kann also durch Mithilfe der Agenten bei der Entscheidungsfindung verbessert werden. Er sollte jedoch verhindern, dass Falschangaben der Agenten das Ergebnis verschlechtern.

Daher übermitteln die Agenten neben ihrem korrekten Typ an den Mechanismus zusätzlich, in Form einer sogenannten Appeal-Funktion, Vorschläge für Typdeklarationen, die unter Umständen zu einem besseren Ergebnis führen könnten. Der Mechanismus berechnet dann das Ergebnis mit den deklarierten Typen und darüber hinaus die Ergebnisse, die sich mit den Deklarationen der Appeal-Funktionen ergeben würden. Aus diesen Ergebnissen wählt er dann das Ergebnis, das am effizientesten ist. Die Agenten helfen mit ihren Appeal-Funktionen also dem Mechanismus bei der Berechnung eines möglichst effizienten Ergebnisses.

Der Mechanismus mit Appeal-Funktionen ist jedoch nicht strategisch robust, da das Konzept des dominanten Gleichgewichts verlangt, dass jeder Agent stets die optimale unter *allen* verfügbaren Strategien wählt. Diese Annahme setzt jedoch voraus, dass der Agent den Nutzen sämtlicher Strategien berechnen kann, was bei begrenzten Berechnungsressourcen unwahrscheinlich ist. Denn wenn der Mechanismus das Ergebnis nicht optimal bestimmen kann, ist dies auch von den Agenten nicht anzunehmen. Nisan und Ronen machen sich in ihrem Modell diese Berechnungsbeschränktheit der Agenten zunutze. Sie argumentieren, dass die starke Forderung nach einem dominanten Gleichgewicht abgeschwächt werden und trotzdem eine wahrheitsgemäße Typdeklaration garantiert werden kann. Eine wahrheitsgemäße Typdeklaration muss im praktischen Einsatz nämlich nicht, wie vom dominanten Gleichgewicht gefordert, unter allen verfügbaren Strategien optimal sein. Es genügt, wenn dem Agenten keine andere Strategie *bewusst* ist, die zu einem besseren Ergebnis führen würde. Dieses Konzept bezeichnen sie als *machbar-dominante Strategien (feasibly dominant actions)*.

Uns ist keine Implementierung eines Mechanismus bekannt, die diesen theoretisch interessanten Ansatz praktisch verfolgen würde. Dies könnte unter anderem darin begründet sein, dass ein Mechanismus mit Appeal-Funktionen von den Agenten deutlich mehr Aufwand erfordert als ein einfacher VCG-Mechanismus. Der bestechende Vorteil der VCG-Mechanismen ist es ja aber gerade, dass die Agenten keinerlei Wissen über den Mechanismus oder das Verhalten der anderen Agenten haben müssen.

Randomisierung und konvexe Dekomposition

Ein anderer – in der Praxis einfacher zu implementierender – Ansatz [56] verwendet Randomisierung als Weg zu einer generellen Methode, die Strategische Robustheit von VCG-Mechanismen auch bei approximativen Ergebnisfunktionen beizubehalten. Auch hier wird das eigentlich dominante Gleichgewicht von VCG jedoch abgeschwächt zu einer *erwarteten* Strategischen Robustheit. Bei dieser maximiert ein Agent seinen erwarteten Nutzen, wenn er seinen eigenen Typ wahrheitsgemäß deklariert. Die allgemeine Technik ist auf das kombinatorische Auktionsproblem und einige andere Packprobleme anwendbar.

Grob zusammengefasst betrachtet man zunächst anstatt des im allgemeinen NP-vollständigen ganzzahligen Optimierungsproblems dessen LP-Relaxierung. Bei dieser sind auch nicht-ganzzahlige Lösungen zulässig, was das Problem deutlich einfacher lösbar macht. Dieses Vorgehen ist möglich, da es sich bei der kombinatorischen Auktion um ein ganzzahliges lineares Optimierungsproblem handelt. Die Menge der Objekte soll ja nämlich so unter den Bietern aufgeteilt werden, dass jedes Objekt genau einem Bieter zugeteilt wird. Dieser erhält es also genau einmal, alle anderen genau null mal. Eine simple Relaxierung vereinfacht die Problemlösung zwar deutlich, würde aber dazu führen, dass ein Objekt nicht nur als ganzes, sondern auch teilweise versteigert werden könnte. Deshalb enthalten die Ansätze, die Relaxierung verwenden, immer auch Methoden, um hinterher die Ganzzahligkeitsbedingung wiederherzustellen. So ist garantiert, dass ein Objekt immer nur einmal und als ganzes versteigert wird. Die Lösung ist dann jedoch nicht mehr unbedingt optimal.

Nach der Relaxierung wird die Ganzzahligkeitsbedingung dann wie folgt wiederhergestellt: Die relaxierte nicht-ganzzahlige Lösung wird in polynomieller Zeit in eine Konvexkombination von ganzzahligen Zuteilungen zerlegt. Der randomisierte Mechanismus wählt nun anhand einer Wahrscheinlichkeitsverteilung eine dieser ganzzahligen Lösungen aus. Weiter definiert er geeignete Zahlungen, deren Erwartungswert bis auf einen Faktor den VCG-Zahlungen der nicht-ganzzahligen Lösung entspricht. Ein solcher Mechanismus ist erwartet strategisch robust im oben definierten Sinne und ist von polynomieller Laufzeit.

Dass diese generelle Methode auch im konkreten Anwendungsfall praktikabel ist, zeigen Ergebnisse für den Anwendungsfall der kombinatorischen Auktion. Für den allgemeinen Fall der kombinatorischen Auktion mit nicht eingeschränkten Geboten wird eine Approximationsgarantie von $O(\sqrt{m})$ erreicht (m ist die Anzahl der zu versteigernden Objekte). Diese kann sich mit den Ergebnissen von spezifisch auf den Anwendungsfall zugeschnittenen Mechanismen (siehe unten) messen, ist jedoch nur *erwartet* strategisch robust.

Approximative Mechanismen für die kombinatorische Auktion

Eine andere Möglichkeit, eine wahrheitsgemäße Typdeklaration der Agenten auch bei suboptimalen Algorithmen zur Ergebnisbestimmung zu garantieren, besteht darin, für den spezifischen Einzelfall eine Konstruktion des Mechanismus zu finden, die dessen Strategische Robustheit garantiert.

Approximative Mechanismen für kombinatorische Auktionen sind ein aktives Forschungsfeld. Die umfangreiche Forschung kann hier nicht detailliert dargestellt werden. Es sollen stattdessen beispielhaft einige zentrale Ergebnisse zitiert werden, die als Einstieg in die Literatur dienen können.

Auf der Arbeit von Lehmann et al. [58] aufbauend, wurden vergleichsweise früh verschiedene Ansätze für den Spezialfall der kombinatorischen Auktion mit sogenannten *Single-minded bidders* untersucht [63, 5]. *Single-minded bidders* geben stets nur ein einziges atomares Gebot für eine einzige (Unter-)Menge von Objekten ab. Überraschenderweise bleibt das Problem der Ergebnisbestimmung auch in diesem Fall immer noch NP-hart [58]. Es muss also auch hier auf Approximationen zurückgegriffen werden. Mu'alem und Nisan [63] stellen einen Algorithmus vor, der in Polynomialzeit eine $(\epsilon\sqrt{m})$-Approximation garantiert (m ist die Anzahl der zu versteigernden Objekte). Dieser basiert auf einer Kombination von Randomisierung, Greedy-Verfahren und LP-Relaxierung. Archer et al. [5] untersuchen ebenfalls Approximationen durch Relaxierung. Sie stellen eine generelle Methode vor, um einen Allokationsalgorithmus zu konstruieren und die Zahlungen in polynomieller Zeit berechnen zu können. Der randomisierte Mechanismus garantiert eine $(1 + \epsilon)$-Approximation.

Ein weiterer Spezialfall, der breite Beachtung gefunden hat [29, 34, 54, 27], sind kombinatorische Auktionen mit *submodularen Geboten*. Ein Wert v, den eine Menge von Objekten für einen Agenten darstellt, ist submodular, wenn für alle Teilmengen $S, T \subseteq M$ der Menge von zu versteigernden Objekten m gilt: $v(S \cup T) + v(S \cap T) \leq v(S) + v(T)$. Dobzinski und Schapira [29] stellen hierfür einen $(\frac{e}{e-1})$-Approximationsalgorithmus vor, der auf LP-Relaxierung und randomisiertem Runden basiert. Ein anderer ebenfalls randomisierter Ansatz [28] unterteilt die Menge der Agenten. Auf der Basis von Statistiken, die auf der einen Untermenge erhoben werden, kann sodann eine gute Approximation für die andere Menge der Agenten erreicht werden. Als untere Schranke für die generelle Approximierbarkeit wurde für diesen Spezialfall ein Wert von $\frac{1}{1-e}$ bewiesen [54].

Beim Spezialfall der *Multi-unit-Auktion*, bei der mehrere Exemplare eines Objekts versteigert werden, erreichen Dobzinski und Nisan eine deterministische 2-Approximation [26]. Für Multi-unit-Auktionen mit Single-minded bidders stellen Briest et al. [14] eine $O(m^{1/B})$-Approximation vor

(m ist die Anzahl der zu versteigernden Arten von Objekten und B die kleinste Anzahl an Objekten, die von einer dieser Arten vorhanden ist).

Für den *allgemeinen Fall* der kombinatorischen Auktion mit nicht eingeschränkten Geboten erreicht der Mechanismus von Dobzinski et al. [28] die beste Approximationsrate. Der randomisierte Mechanismus durchläuft mehrere Phasen, unterteilt die Menge der Agenten, um Statistiken zu erheben, und kombiniert die Vickrey- mit einer Festpreis-Auktion. Er garantiert eine Approximationsrate von $O(\sqrt{m})$ mit einer Wahrscheinlichkeit von mindestens $1 - \epsilon$ in polynomialer Laufzeit und ist anreizkompatibel. Eine bessere als diese Approximationsrate kann in Polynomialzeit generell nicht erreicht werden.

3.3 Komplexität der Typbestimmung

Wenden wir uns nun dem zweiten Problemfeld zu, das sich bei komplexen Mechanismen ergibt – der Komplexität der Typbestimmung auf Agentenseite.

Wir haben zu Beginn dieses Kapitels gesehen, dass die *verallgemeinerte Vickrey-Auktion* das kombinatorische Auktionsproblem löst. Dabei müssen die Agenten Gebote für alle 2^m Untermengen der Menge M der zu versteigernden Objekte abgeben. Diese Gebote bilden zusammen den Typ des Agenten. Für die Typbestimmung müssen also exponentiell viele Gebote berechnet werden, wobei die Berechnung eines einzelnen Gebotes, abhängig von der Komplexität der Berechnungen, die der Agent zur Bestimmung seines Gebotes durchführen muss, unter Umständen NP-vollständig sein kann. So muss ein Paketzustelldienst unter Umständen eine NP-vollständige Flottenoptimierungs-

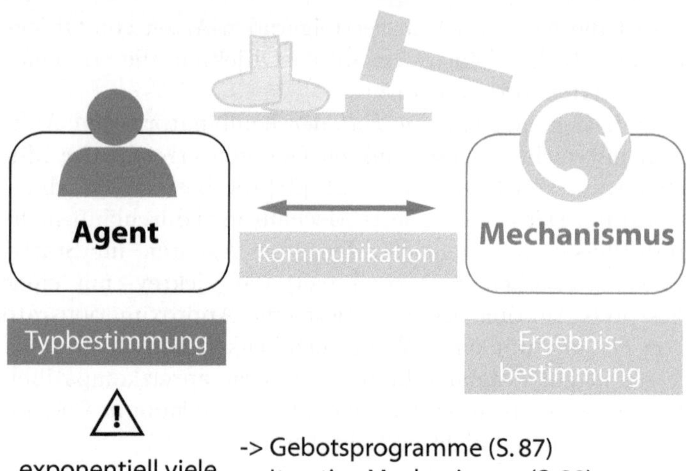

Abb. 3.6. Ansätze für eine effiziente Typbestimmung bei der kombinatorischen Auktion

berechnung durchführen, um das Gebot für die Zustellung eines Paketes zu berechnen.

Für eine praktische Einsetzbarkeit muss der Mechanismus daher so angelegt sein, dass die Agenten nicht ihre Gebote komplett berechnen müssen und dass sie ihre Strategie auch ohne eine solche komplette Berechnung optimal wählen können. Ein denkbarer Ansatz besteht darin, von der direkt-enthüllenden Struktur eines Mechanismus abzukommen. Ein Agent müsste dann nicht mehr zu Beginn seine vollständigen Typinformationen berechnen und offenlegen. Stattdessen könnte der Mechanismus im Laufe des Berechnungsprozesses von den Agenten genau die Informationen über deren Typen abfragen, die er benötigt. In vielen Situationen werden die so abgefragten Informationen schneller

zu berechnen sein als der komplette Typ. Andererseits ist
es auch denkbar, dass die Agenten ihr Typbestimmungspro-
blem in einer Hochsprache spezifizieren und diese Spezifikation dann dem Mechanismus übermitteln, der sich um alles
Restliche kümmert. Wir betrachten im Folgenden zunächst
den zweiten Ansatz.

3.3.1 Gebotsprogramme

Hochsprachen zur Typspezifikation behalten die direkt-
enthüllende Struktur eines Mechanismus bei. Die Agenten übertragen an den Mechanismus jedoch nicht mehr
ihre Gebote, die sie für alle möglichen Szenarios berechnen müssten, sondern spezifizieren ihr lokales Problem der
Typbestimmung in Form eines *Gebotsprogramms*. Dieses
Programm wird an den Mechanismus übertragen, der es
ausführt und mittels bestimmter Abfragen die Gebote des
Agenten selbst berechnet. Der Einsatz eines solchen Ge-
botsprogrammes bietet sich aus Sicht der Agenten dann
an, wenn die Spezifikation des Typbestimmungsproblems
einfacher ist als die Berechnung aller denkbaren Gebote.

Dieser Ansatz ist noch zentralisierter als sonstige direkt-
enthüllende Mechanismen: Die Agenten haben keinerlei
Aufgaben außer der Spezifikation ihres Typbestimmungsproblems. Die Berechnung der Gebote ist von den Agenten
zum Mechanismus verschoben. Damit werden sämtliche Berechnungen, die zur Ergebnisbestimmung notwendig sind,
zentral vom Mechanismus vorgenommen.

Ganz einfache Gebotsprogramme brächten keinen Vorteil mit sich, da der Berechnungsaufwand, den die Agenten
sparen, beim Mechanismus anfallen würde. Das wäre der
Fall, wenn der Mechanismus nur Abfragen der Form $a(S)$
stellen könnte, mit denen der Wert $v(S)$ für eine Menge S
von zu versteigernden Objekten abgefragt wird. Denn dann

müsste der Mechanismus bei einer nicht eingeschränkten Auktion diese Werte für alle Teilmengen $S \subseteq M$ berechnen.

Es sind aber auch Gebotsprogramme denkbar, die komplexere Abfragen ermöglichen, z. B.

- *Ordnungsabfragen* $a(S_1, \ldots, S_k)$: Welches von mehreren Bündeln $S_i \subseteq M$ hat den höchsten Wert für den Agenten?
- *Relative Abfragen* $a(S, p)$: Ist der Wert $v(S)$ für ein bestimmtes Bündel S größer (oder kleiner) als ein bestimmter Wert p?
- *Approximative Abfragen* $a(S, p, \delta)$: Liegt der Wert $v(S)$ für ein bestimmtes Bündel S innerhalb einer Konstante δ von einem Wert p?
- *Abfragen des gewünschten Bündels* $a(p_{S_1}, \ldots, p_{S_k})$: Welches Bündel S_i möchte ein Agent bei definierten Preisen p_{S_i}?

Weitere mögliche Typen von Abfragen sind z. B. in [74, S. 77] und [12] zu finden.

Bei all diesen Abfragetypen kann das Programm ein Ergebnis berechnen, ohne zunächst die Gebote für alle möglichen Bündel zu berechnen. Falls die Gebotssprache solche komplexeren Abfragen unterstützt, kann der zur Ergebnisbestimmung benötigte Berechungsaufwand der Gebote unter Umständen verringert werden. Doch Nisan und Segal zeigen, dass selbst bei Verwendung von komplexen Abfragen die Ergebnisbestimmung nicht optimal mit einer polynomiellen Zahl von Abfragen gelöst werden kann [71]. Für eine praktische Einsetzbarkeit eines kombinatorischen Mechanismus sind also auch auf Grund der Komplexität der Typbestimmung, nicht nur auf Grund der Ergebnisberechnung, Approximationen oder eine Beschränkung auf Spezialfälle nötig.

Gebotsprogramme können in verschiedener Hinsicht problematisch sein [74]: Einerseits ist denkbar, dass lokale Typbestimmungsprobleme nicht vollständig in einer Sprache spezifiziert werden können, z. B. weil im Verlauf der Gebotsbestimmung menschliche Experten befragt werden müssen. Schwierigkeiten sind auch im Hinblick auf Datenschutzaspekte zu erwarten, da der Agent mit seinem Gebotsprogramm gegenüber dem Mechanismus seine Methoden zur Gebotsbestimmung komplett offenlegen muss. Darüber hinaus setzt der Einsatz von Gebotsprogrammen voraus, dass die Agenten dem Mechanismus völlig vertrauen, da sie nicht kontrollieren können, ob er die Berechnungen zur Bestimmung ihres Typs korrekt ausführt.

Diesen Problemen kann entgegengewirkt werden, indem die Agenten in einem iterativen Mechanismus dynamisch in den Berechnungsprozess einbezogen werden.

3.3.2 Iterative Mechanismen

Ein iterativer Mechanismus umfasst mehrere Durchläufe. In jedem Schritt stellt der Mechanismus Anfragen an die Agenten. Der Agent sendet daraufhin eine Antwort, die sowohl von der Anfrage als auch von seinem eigenen Typ abhängt. Nach einer endlichen Anzahl an Schritten hat der Mechanismus genügend Informationen gesammelt, um ein Ergebnis auswählen zu können. Wie bei den Gebotsprogrammen ist auch hier der Ansatz, dass in vielen Fällen eine komplette Typberechnung und -übermittlung nicht notwendig ist, um ein optimales Ergebnis zu finden. Ein gut konstruierter iterativer Mechanismus erhebt von den Agenten gerade die Menge an Informationen, die zur Berechnung des Ergebnisses benötigt wird. Dazu sind wie im Fall der Gebotsprogramme verschiedene Typen von Abfragen möglich, die der Mechanismus jetzt nicht mehr an das Gebotsprogramm des Bieters, sondern direkt an diesen selbst stellt.

Dass in der Tat Situationen existieren, in denen eine komplette Informationsenthüllung nicht nötig ist, zeigt das folgende einfache Beispiel: In einer Auktion mit drei Agenten soll ein einziges Objekt versteigert werden. Gewählt wird die Form der Vickrey-Auktion, bei der der Bieter mit dem höchsten Gebot den Zuschlag erhält und dafür den Preis des zweithöchsten Gebots bezahlt. Seien v_i die Gebote der Agenten und $v_1 < v_2 < v_3$. Für die Bestimmung des Siegers und der Zahlung muss der Mechanismus nicht die exakte Höhe der Gebote aller drei Agenten kennen. Stattdessen genügt es, v_2 zu kennen und darüber hinaus zu wissen, dass $v_1 < v_2$ und $v_3 > v_2$. Dann ist klar, dass Agent 3 den Zuschlag zum Preis von v_2 bekommt. Ähnliche Beispiele lassen sich auch leicht für kompliziertere Auktionen, wie z. B. die kombinatorische Auktion finden.

iBundle [76] ist ein iterativer Mechanismus für das kombinatorische Auktionsproblem. In jedem Schritt nennt der Mechanismus einen minimalen Gebotspreis für jedes Bündel. Die Agenten können dann Gebote für eines oder mehrere Bündel abgeben, die höher als der minimale Gebotspreis sind oder höchstens um eine Konstante ϵ darunter liegen. Der Mechanismus löst in jedem Schritt ein kombinatorisches Auktionsproblem für die Bestimmung eines provisorischen Ergebnisses. Der minimale Gebotspreis eines Bündels wird dann erhöht, wenn mindestens ein Agent, der im provisorischen Ergebnis kein Bündel erhält, für dieses Bündel bietet. In diesem Fall wird der minimale Gebotspreis des nächsten Schritts auf die Höhe des zweithöchsten Gebotes zuzüglich der Konstanten ϵ festgesetzt. In bestimmten Fällen können auch unterschiedliche Preise für verschiedene Agenten festgesetzt werden (Preisdiskriminierung). Die Auktion terminiert, wenn die Agenten in zwei aufeinander folgenden Schritten dieselben Gebote abgeben oder wenn alle Agenten ein Bündel erhalten. Dann wird das provisorische Ergebnis zum Endergebnis. Der Paramter ϵ bestimmt dabei den Zusammenhang zwischen Laufzeit und ökonomischer Effizienz: Bei größerem ϵ terminiert der Mechanismus schneller, das gewählte Ergebnis ist aber von geringerer ökonomischer Effizienz. Ist $\epsilon = 0$, dann wählt der Mechanismus ein optimales Ergebnis.

Während *iBundle* die Deklaration von absoluten Geboten verlangt, sind auch iterative Mechanismen möglich, die nur approximative Anfragen stellen. Conen und Sandholm stellen in [19] einen Mechanismus mit VCG-Zahlungsschema vor, der mit solchen Anfragen ein effizientes Ergebnis berechnet.

Blumrosen und Nisan definieren in [12] einen approximativen iterativen Mechanismus, der auf einem Greedy-Verfahren beruht. Der in Abb. 3.7 dargestellte Mechanismus versteigert in jeder Runde ein Bündel. Dazu stellt er Anfragen an die Agenten, welches Bündel $S \subseteq M$ den durchschnittlichen Wert pro enthaltenem Objekt maximiert. Das Bündel mit maximalem Wert unter allen Bündeln wird an den Agenten, der den höchsten Wert geboten hat, provisorisch vergeben. Der entsprechende Agent scheidet mit der Vergabe aus der Menge der Bieter aus. Nachdem alle Bieter ausgeschieden oder alle Objekte vergeben sind, werden alle Bieter nach einem Gebot für die gesamte Menge M von zu versteigernden Objekten gefragt. Falls ein solches Gebot höher ist als die Summe der Werte der einzelnen Iterationsrunden, wird die gesamte Menge M an den Bieter mit dem höchsten Gebot vergeben. Der Mechanismus kann mit einer polynomiellen Anzahl von Abfragen implementiert werden und erreicht eine $\min\{n, 4\sqrt{m}\}$-Approximation des Ergebnisses (n ist die Anzahl der Bieter und m die Anzahl der Objekte in M). Die Autoren zeigen außerdem, dass dieser Approximationsfaktor der asymptotisch best-möglichе Worst-Case-Wert bei polynomieller Kommunikation zwischen Mechanismus und Agenten ist.

Eingabe: Menge M der zu versteigernden Objekte;
  Menge N der Bieter.
Ausgabe: Aufteilung $(S_1^*, \ldots, S_n^*)$ der Menge M unter
  den Bietern.
Algorithmus:
  Sei $T \leftarrow M$ die Menge der verbleibenden zu
  versteigernden Objekte.
  Sei $K \leftarrow N$ die Menge der verbleibenden Bieter.
  Sei $S_1^* \leftarrow \emptyset, \ldots, S_n^* \leftarrow \emptyset$ das provisorische Ergebnis.
  repeat
    Frage jeden Bieter i in K nach dem Bündel S_i, das
    seinen Wert pro Objekt maximiert, d. h.
    $S_i \in \arg\max_{S \subseteq T} \frac{v_i(S)}{|S|}$
    Sei i der Bieter mit dem maximalen Wert pro
    Objekt. Setze $S_i^* = S_i, K = K \setminus i, T = T \setminus S_i$
  until $T = \emptyset$ oder $K = \emptyset$
  Frage jeden Bieter nach seinem Wert $v_i(M)$ für das
  komplette Bündel
  if $\exists i \in N$ so dass $v_i(M) > \sum_{i \in N} v_i(S_i^*)$ **then**
    vergebe alle Objekte an Bieter i
  end if

Abb. 3.7. Pseudocode eines iterativen Greedy-Mechanismus für die kombinatorische Auktion [12]

3.4 Kommunikationskomplexität

Der dritte zu untersuchende Problembereich bei der praktischen Implementierung eines Mechanismus betrifft die Komplexität der Kommunikation zwischen Agenten und Mechanismus. (Die Komplexität einer möglichen Kommunikation zwischen den Agenten wird hier nicht untersucht, da eine solche bei zentralisierten Mechanismen nicht vorgesehen ist. Auf diese wird im folgenden Kapitel ausführlich eingegangen.) Wir haben bisher implizit angenommen, dass direkt-enthüllende Mechanismen über ein Protokoll verfügen, mit dem die Agenten ihre Typen an den Mechanismus übermitteln können. In den meisten Publikationen wird die-

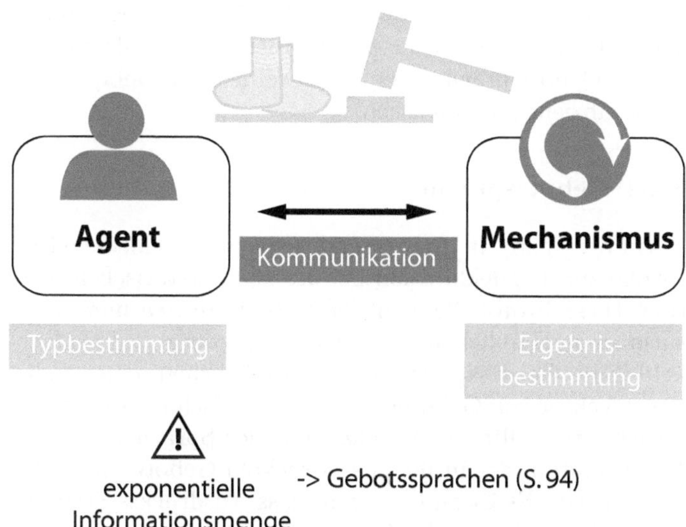

Abb. 3.8. Effiziente Gebotssprachen sind ein Ansatz für effiziente Kommunikation zwischen Agenten und Mechanismus

ses Protokoll nicht näher definiert, weil meist angenommen wird, dass die Kommunikation unbeschränkt und kostenlos sei und somit das strategische Verhalten nicht beeinflusse. Im praktischen Einsatz sind diese Annahmen allerdings unrealistisch. Deshalb soll nun betrachtet werden, in welcher Form die Typdeklarationen vorgenommen und übertragen werden und welcher Aufwand dabei entsteht.

Ein intuitiver Ansatz für ein Protokoll zur Typdeklaration besteht bei der kombinatorischen Auktion darin, dass alle Agenten für jede mögliche Untermenge $S \subseteq M$ je einen Preis p angeben, den sie für diese Menge bieten. Ein solches Gebot (S, p) bezeichnen wir als *atomares Gebot*. Bei diesem Ansatz müsste jedoch jeder Agent eine in der Anzahl der zu versteigernden Objekte exponentielle Anzahl von atomaren Geboten abgeben, was unter beschränkten Kommunikationsbedingungen nicht praktikabel ist. Deshalb müssen andere Gebotssprachen gefunden werden, die Gebote möglichst effizient auszudrücken.

3.4.1 Gebotssprachen

Nisan betrachtet in [67] erstmals explizit verschiedene Protokolle zur Typdeklaration bei der kombinatorischen Auktion. Diese Protokolle nennt er *Gebotssprachen* und untersucht sie in Hinblick auf ihre Ausdrucksstärke und Einfachheit. Eine Gebotssprache soll es ermöglichen, einen beliebigen Vektor von Geboten möglichst einfach auszudrücken. Gleichzeitig sollte der Umgang mit der Sprache, z. B. die Interpretation der in ihr ausgedrückten Gebote, möglichst einfach sein. Es ist zu erwarten, dass Ausdrucksstärke und Einfachheit miteinander in Konflikt stehen, denn je komplexer eine Sprache ist, desto schwieriger ist der Umgang mit ihr. Das Ziel ist also ein gutes Gleichgewicht zwischen diesen beiden Aspekten.

Für eine praktische Anwendung ist man besonders an Gebotssprachen interessiert, die es erlauben, alle Gebote mit einem polynomiellen Kommunikationsaufwand (in der Anzahl der Bieter n und der zu versteigernden Objekte m) zu übertragen. Nisan und Segal [71] zeigen jedoch, dass das mit keinem denkbaren Protokoll möglich ist:

Theorem 3.1 ([71]). *Sei m die Anzahl der zu versteigernden Objekte. Es gibt Gebote, die in jedem möglichen Protokoll zur Typdeklaration für die kombinatorische Auktion den Austausch einer in m exponentiellen Anzahl von Bits benötigen.*

Beweis. Wir nehmen an, die Anzahl m der zu versteigernden Objekte sei gerade und an der Auktion nehmen zwei Agenten teil. Die Gebote der Agenten $v(S)$ für eine Menge $S \subseteq M$ seien wie folgt:

$$v_i(S) = \begin{cases} 0 & \text{wenn } |S| < m/2 \\ 1 & \text{wenn } |S| > m/2 \\ 0 \text{ oder } 1 & \text{wenn } |S| = m/2 \end{cases}$$

wobei im Fall 3 der Wert 0 oder 1 zufällig gewählt wird.

Damit ergibt sich eine Gesamtzahl an möglichen Geboten $v(S)$ von $2^{\binom{m}{m/2}}$. Jedes Gebot muss durch eine eindeutige binäre Bitfolge ausgedrückt werden können. Daher muss wenigstens eine der Bitfolgen eine Länge von mindestens $\binom{m}{m/2}$ haben, was exponentiell in m ist. $\square$

Wenn es also in jeder denkbaren Gebotssprache Gebote gibt, die nur mit exponentiellem Kommunikationsaufwand übermittelt werden können, dann sollten in einer gut konstruierten Gebotssprache immerhin alle Gebote ausdrückbar sein und davon die wichtigsten Gebote in polynomieller

Länge. Im Folgenden stellen wir, [67] folgend, verschiedene Gebotssprachen vor und untersuchen sie unter diesen Aspekten.

Die XOR-Gebotssprache

Eine einfache Verallgemeinerung der oben vorgestellten intuitiven Gebotssprache ist die XOR-Sprache. Jeder Agent kann darin eine beliebige Anzahl von atomaren Geboten übermitteln, die durch einen XOR-Operator verknüpft werden:

$$(S_1, p_1) \text{ XOR } (S_2, p_2) \text{ XOR } \dots \text{ XOR } (S_k, p_k)$$

Gibt ein Agent beispielsweise das Gebot

$$(\{TV, SAT\}, 500) \text{ XOR } (\{Heimkino\}, 1000)$$

ab, so bietet der Agent *entweder* 500 für die Kombination von Fernseher und Satellitenempfänger *oder* 1000 für eine komplette Heimkinoanlage. Er will also nur den Zuschlag für maximal eines seiner durch XOR verknüpften Gebote. Falls er den Zuschlag für beide Untermengen bekommen sollte, ist er nicht bereit, mehr als das höhere der beiden atomaren Gebote, hier also 1000, zu bezahlen.

Es ist leicht ersichtlich, dass die XOR-Sprache sämtliche möglichen Gebote ausdrücken kann, da auf jede mögliche Untermenge von M ein eigenes Gebot gesetzt werden kann. Wir werden unten jedoch sehen, dass die XOR-Sprache in einigen Fällen ineffizienter ist als andere Gebotssprachen.

Die OR-Gebotssprache

Ein Gebot in der OR-Gebotssprache besteht aus einer beliebigen Anzahl von atomaren Geboten, die durch einen OR-Operator verknüpft sind:

$$(S_1, p_1) \text{ OR } (S_2, p_2) \text{ OR } \ldots \text{ OR } (S_k, p_k)$$

Dabei wünscht der Bieter den Zuschlag für eine beliebige Anzahl dieser Gebote und ist bereit, die Summe seiner entsprechend gebotenen Beträge zu bezahlen. Nehmen wir z. B. an, ein Agent gibt das OR-Gebot

$$(\{TV, SAT\}, 500) \text{ OR } (\{Stereoanlage\}, 400)$$

ab. Das bedeutet, der Agent möchte den Zuschlag für eines der atomaren Gebote oder für beide zusammen, wobei er dann bereit wäre, 900 für alle drei Objekte zu bezahlen.

In manchen Fällen ist die OR-Gebotssprache deutlich effizienter ist als die XOR-Gebotssprache. Es gibt nämlich Gebote, die in der OR-Sprache von linearer Größe, in der XOR-Sprache jedoch von exponentieller Größe sind. Die Größe eines Gebotes ist dabei definiert als die Anzahl von atomaren Geboten, aus denen es besteht.

Theorem 3.2. *Wenn ein Bieter für jede Untermenge $S \subseteq M$ den Betrag $|S|$ bietet, so ist dies in der OR-Sprache mit einem Gebot der Größe m darstellbar, in der XOR-Sprache dagegen nur mit einem Gebot der Größe 2^m.*

Beweis. Das Gebot kann in der OR-Sprache folgendermaßen ausgedrückt werden: Man setze für alle Objekte $m_i \in M$ ein atomares Gebot $(m_i, 1)$ und verknüpfe diese Gebote jeweils mit OR. Das OR-Gebot ist damit von Größe m. Da der Bieter bei der XOR-Sprache dagegen höchstens den Zuschlag für eines der atomaren Gebote wünscht, müssen hier sämtliche Untermengen explizit aufgelistet werden. Für alle möglichen Untermengen $S \subseteq M$ muss ein atomares Gebot $(S, |S|)$ erzeugt werden. Diese atomaren Gebote werden dann mit XOR verknüpft. Das XOR-Gebot hat damit die Größe 2^m. $\square$

Die OR-Sprache hat aber auch einen deutlichen Nachteil: In ihr lassen sich wichtige Gebote nicht ausdrücken. Die OR-Sprache kann nämlich keine Gebote mit Ersetzbarkeiten ausdrücken, d. h. Gebote, bei denen gilt: $p(S \cup T) < p(S) + p(T)$. Dies ist offensichtlich, da nach Definition der OR-Sprache bei zwei atomaren Geboten (S, p_S) OR (T, p_T) davon ausgegangen wird, dass der Agent bereit ist, für die Menge $S \cup T$ die Summe der entsprechenden Gebote zu bezahlen. Die Möglichkeit, in Geboten Ersetzbarkeiten auszudrücken, ist einer der wesentlichen Gründe für die Wahl einer kombinatorischen Auktionsform. Insofern ist dies in den meisten Anwendungsfällen ein Defizit, das nicht hingenommen werden kann.

An diesen Beispielen wurde ersichtlich, dass sowohl die XOR- als auch die OR-Sprache nicht mächtig genug sind, wichtige Gebote knapp auszudrücken. Es erscheint daher sinnvoll, die Mächtigkeit der beiden Sprachen zu kombinieren.

Die OR*-Sprache mit Phantomobjekten

Eine Kombination der Eigenschaften der OR- und der XOR-Sprache ist in Form einer OR/XOR-Sprache denkbar, in der XOR- und OR-Operatoren beliebig kombiniert werden können und rekursiv ausgewertet werden. Alle bisher beschriebenen Sprachen sind damit syntaktisch beschränkte Sonderfälle der allgemeinen OR/XOR-Sprache. Diese Sprache ist damit sehr mächtig, kann allerdings auf Grund ihrer rekursiven Struktur kompliziert zu interpretieren sein.

Nisan stellt deshalb mit der OR*-Sprache in [67] eine Gebotssprache vor, die die effizienteste unter allen bisher beschriebenen Sprachen und mindestens so mächtig wie diese ist. Durch Einführung von sogenannten Phantomobjekten können XOR-Gebote als eine Variante von OR-

Geboten ausgedrückt werden. Dadurch ist jedes Gebot der OR/XOR-Sprachen als ein reines OR-Gebot darstellbar.

Diese Phantomobjekte, die der Menge M der zu versteigernden Objekte hinzugefügt werden, sind keine wirklich zu versteigernden Objekte, sondern dienen nur dazu, Bedingungen über die Kombination von Geboten, also XORs, auszudrücken. Sei x ein Phantomobjekt aus M. Dann gilt:

$$(S_1, p_1) \text{ XOR } (S_2, p_2) \Leftrightarrow (S_1 \cup \{x\}, p_1) \text{ OR } (S_2 \cup \{x\}, p_2)$$

Das Gebot $(\{\text{TV, SAT}\}, 500)$ XOR $(\{\text{Heimkino}\}, 1000)$ kann in der OR*-Sprache wie folgt ausgedrückt werden:

$$(\{\text{TV, SAT}, x\}, 500) \text{ OR } (\{\text{Heimkino}, x\}, 1000)$$

Der Trick ist dabei, dass jedes Objekt (also auch ein Phantomobjekt) nur einmal vergeben werden darf. Es kann also nur *entweder* die Menge $\{\text{TV, SAT, } x\}$ *oder* die Menge $\{\text{Heimkino, } x\}$ vergeben werden, womit die Funktion von XOR ausgedrückt ist. Es wurde gezeigt, dass die OR*-Gebotssprache mit Phantomobjekten effizient alle bisher vorgestellten Gebotssprachen simulieren kann [67].

Gebote in Netzwerkauktionen

In [68] schlägt Nisan einen völlig anderen Typ von Gebotssprachen vor, der die Besonderheiten bei Versteigerungen von Netzwerkressourcen, z. B. im Internet, ausnützt. In solchen Spezialfällen treten häufig Gebote für Objekte oder Leistungen auf, die bestimmte Eigenschaften im Netzwerkgraphen haben. Ein solches Beispiel ist eine Auktion, bei der der Bieter einen kompletten Weg von einem Knoten s im Netzwerkgraphen zu einem Knoten t ersteigert. Dieser Weg kann aus mehreren Kanten bestehen. Anstatt für jede der benötigten Kanten Gebote abzugeben, könnte eine

Gebotssprache definiert werden, in der der Agent nur die Knoten s und t sowie den Preis p angibt, den er zu zahlen bereit ist. Allgemein ist eine solche Sprache also so konstruiert, dass in ihr die gewünschte Eigenschaft im Graphen und der dafür gebotene Preis ausgedrückt werden kann.

Ein Gebot in solch einer Sprache ist auf Agentenseite einfach zu konstruieren und einfach an den Mechanismus zu übermitteln. Diese Vorteile werden allerdings mit einem größeren Berechnungsaufwand auf Seiten des Mechanismus erkauft.

3.4.2 Interpretierbarkeit der Sprachen

Ein wichtiger Aspekt bei der Wahl einer Gebotssprache ist der Aufwand, der zur Interpretation der Gebote auf Seiten des Mechanismus anfällt. Wir nehmen an, dass der Mechanismus dafür auf Wertabfragen der Form $a(S)$ für $S \subseteq M$ zurückgreift, um das Gebot eines Agenten für ein bestimmtes Bündel S zu bestimmen. Zu beachten ist hierbei, dass die Interpretation eines Gebotes *nicht* die Ergebnisbestimmung einschließt. Wie schwer sind diese Abfragen, wenn die Gebote der Agenten dem Mechanismus in einer der obigen Gebotssprachen vorliegen?[1] Ein hilfreiches Analysekonzept ist dabei das folgende:

Definition 3.3 (Polynomiell interpretierbare Gebotssprache [67]). *Eine Gebotssprache heißt* polynomiell interpretierbar, *wenn ein Algorithmus existiert, der bei Eingabe eines Gebotes in der Sprache b und einer beliebigen Untermenge von Objekten $S \subseteq M$ das in b ausgedrückte*

---

[1] Der Aufwand zur Interpretation der im vorigen Abschnitt vorgestellten Gebotssprache in Netzwerkauktionen wird hier nicht untersucht, da er vom konkreten Anwendungsfall abhängig ist.

Gebot $v(S)$ für die Menge S in Polynomialzeit in der Größe des Gebots berechnet.

Offensichtlich ist die XOR-Sprache polynomiell interpretierbar. Im Worst Case müssen alle atomaren Gebote einmal betrachtet werden. Damit terminiert der Algorithmus in linearer Zeit bezogen auf die Eingabe.

Die OR-Sprache ist dagegen nicht polynomiell interpretierbar. Denn die Berechnung eines Wertes $v(S)$ in einem OR-Gebot (S_1, p_1) OR (S_2, p_2) OR $\ldots$ OR (S_k, p_k) ist exakt dasselbe Optimierungsproblem wie eine kombinatorische Auktion der Menge S mit k Bietern, die jeweils ein einziges atomares Gebot (S_i, p_i) abgeben. Wie in Abschnitt 3.2 gezeigt, ist dieses Problem NP-hart. Da die übrigen vorgestellten Sprachen alle auf der OR-Sprache basieren, sind auch diese nicht polynomiell interpretierbar.

Sich nur auf polynomiell interpretierbare Sprachen wie die XOR-Sprache zu beschränken ist in der Praxis aber nicht realistisch, da diese Sprachen nicht mächtig genug sind. Es wird eher die Schwierigkeit einer nicht vorhandenen polynomiellen Interpretierbarkeit in Kauf genommen, was, so argumentiert [68], in der Praxis jedoch kein Problem darzustellen scheint: Der Interpretationsaufwand geht in das NP-harte Problem der Ergebnisbestimmung ein.

3.4.3 Der Kommunikationsaufwand bei iterativen Mechanismen

Wenden wir uns abschließend kurz der Kommunikation bei iterativen Mechanismen, wie sie in Abschnitt 3.3.2 eingeführt wurden, zu. Auch bei iterativen Mechanismen kann eine nur polynomielle Anzahl an Abfragen bei unbeschränkten Geboten nicht in jedem Fall ein optimales Ergebnis garantieren. Es kann nicht einmal eine Approximation innerhalb eines Faktors garantiert werden, der besser ist als

$\min\{n, m^{1/2-\epsilon}\}$ (wobei n die Anzahl der Agenten und m die der zu versteigernden Objekte ist) [12].

Nisan und Segal zeigen in [72] ein Ergebnis, das die Nützlichkeit von iterativen Mechanismen, die nur bestimmte Abfragen einsetzen, generell in Frage stellt. Sie stellen eine Klasse von Agententypen vor, für die ein effizienter Mechanismus existiert, der nur eine polynomielle Datenmenge austauscht. Wenn man sich dagegen auf iterative Mechanismen beschränkt, die nur bestimmte Abfragen verwenden, vergrößert sich die auszutauschende Datenmenge exponentiell. Bislang ist unklar, ob es Klassen von Agententypen gibt, für die ein solcher iterativer Mechanismus effizient ist. Um diese Zusammenhänge genauer zu erfassen, ist weitere Forschung nötig.

4

Distributed Mechanism Design

In den bisherigen Kapiteln wurden *zentralisierte* Mechanismen untersucht, bei denen der Mechanismus eine zentrale eigenständige Einheit ist. Die Agenten verhalten sich eigennützig-rational, der Mechanismus ist dagegen unparteiisch und vertrauenswürdig. Es wurde angenommen, dass alle Agenten direkt mit dem Mechanismus über einen gegen Fehler und Abhören gesicherten Kanal verbunden sind.

Ein solches zentralisiertes Modell ist jedoch für Berechnungen im Internet nicht adäquat, da hier nicht nur die rationalen Agenten, sondern auch Ressourcen, z. B. Kommunikationsverbindungen, und Berechnungsknoten inhärent verteilt sind. Bei vielen dezentralen Anwendungen wie Grid-Computing, Peer-to-Peer-Systemen oder Routing ist kein Knoten ersichtlich, der für eine übergeordnete zentrale Rolle prädestiniert wäre. So stellen Feigenbaum und Shenker [39] fest, dass das Internet ein Schauplatz ist, in dem Anreizkompatibilität, verteilte Berechnung und Berechnungskomplexität höchst relevant sind.

Distributed Mechanism Design, eine neue Forschungsrichtung, die maßgeblich von Feigenbaum, Papadimitriou und Shenker mit der einflussreichen Veröffentlichung [37] begründet wurde, untersucht *verteilte* Mechanismen. Bei diesen ist der Mechanismus keine eigenständige Einheit mehr, sondern auf die Agenten verteilt. Die Agenten übernehmen so trotz ihres eigennützigen Verhaltens Teile des unparteiischen Mechanismus. Damit sind sowohl die Agenten als auch die Informationen und das Berechnungsmodell verteilt, was der natürlichen Struktur von vielen Problemen im Internet gerecht wird.

Das Ziel beim Entwurf eines verteilten Mechanismus ist es, eine soziale Entscheidungsfunktion (siehe Abschnitt 2.3) zu implementieren, ohne dass diese von einem *zentralisierten* Mechanismus berechnet werden muss. Dies hat neben der Angepasstheit an dezentrale Strukturen weitere Vorteile: Der Berechnungsaufwand wird von einem zentralen Knoten auf alle Knoten verteilt. Darüber hinaus verfügen verteilte Mechanismen über einen robusteren Aufbau. So kann bei einem zentralisierten Mechanismus ein Ausfall oder Fehler des zentralen Knotens oder einer Kommunikationsverbindung zu einem Ausfall des gesamten Systems führen. Dagegen führt ein Ausfall einer Verbindung oder eines Knotens bei einem dezentralen Mechanismus im schlechtesten Fall zu einem suboptimalen Ergebnis. Außerdem werden mögliche Flaschenhälse bei der Kommunikation reduziert, da bei einem verteilten Mechanismus meist aus mehreren möglichen Kommunikationsverbindungen gewählt werden kann.

Neben allen Vorteilen ergeben sich aus einem dezentralen Mechanismus aber auch neue Problematiken. Dieselben Agenten, die aus Eigennützigkeit versuchen, das Ergebnis des Mechanismus zu manipulieren (siehe Kapitel 2), führen nun gleichzeitig auch den Mechanismus aus. Die Aufgabe der Agenten beschränkt sich damit nicht mehr nur auf eine Typdeklaration. Ein Agent muss hier auch Teile der Ergebnis- und Zahlungsfunktionen des Mechanismus berechnen. In einem Peer-to-Peer-Netzwerk kann außerdem nicht mehr zwischen strategischen Knoten und dem Netzwerk unterschieden werden. Die rationalen Agenten sind somit auch verantwortlich, Nachrichten im Netzwerk weiterzuleiten. Um das „gute" Ergebnis der sozialen Entscheidungsfunktion zu garantieren, muss der Mechanismus eigennützige Manipulationen der Agenten ausschließen. Bei zentralisierten Mechanismen, bei denen Agenten nur durch ihre Typdeklaration Einfluss nehmen konnten, gelang dies durch das Konzept der Anreizkompatibilität, die garantiert, dass die Agenten ihre Typen korrekt deklarieren. Bei verteilten Mechanismen können Agenten aber auch bei der Weiterleitung von Nachrichten oder bei der Ergebnisberechnung versuchen, durch Manipulationen Einfluss zu nehmen. Wir müssen also nun auch solche Manipulationen ausschließen.

Auch das Komplexitätsmaß, das in Abschnitt 2.7 für zentralisierte Mechanismen eingeführt wurde, muss für verteilte Mechanismen kritisch überprüft werden. Schließlich spielt bei diesen Mechanismen die Kommunikation eine entscheidende Rolle und muss stärker berücksichtigt werden.

Ein weiterer Aspekt, der beim Entwurf von verteilten Mechanismen nicht unterschätzt werden darf, ist der der Protokollkompatibilität. Bei vielen Anwendungen eines Mechanismus ist davon auszugehen, dass bereits entsprechende Protokolle im Einsatz sind. Eigennützige Agenten können nicht auf Anordnung gezwungen werden, ein neues Protokoll oder einen neuen Mechanismus einzusetzen. Sie benötigen einen Anreiz für die Migration und das setzt voraus, dass die dabei enststehenden Kosten nicht zu hoch sind. Diese Kosten sind bei einem kompatiblen Mechanismus erwartungsgemäß eher gering. Außerdem kann eine Migration zu einem Mechanismus, der zu dem existierenden Protokoll kompatibel ist, schrittweise erfolgen. Daher kann angenommen werden, dass sich ein neuer Mechanismus am ehesten dann durchsetzt, wenn er kompatibel ist.

Dieses Kapitel ist wie folgt aufgebaut: Die Eigenschaften und Problematiken eines verteilten Mechanismus sollen, wie auch in den vorigen Kapiteln, an einem durchgehenden Beispiel dargestellt werden. Dieses Beispiel ist wieder ein Routing-Problem – dem gewählten Modell liegen hier aber realistischere Annahmen für das Internet-Routing zugrunde als bei dem eher abstrakten Beispiel in Kapitel 2. Es soll ein verteilter Mechanismus vorgestellt werden, der auf dem Border-Gateway-Protokoll (BGP), dem De-Facto-Standard für Interdomain Routing im Internet, aufsetzt. Nach einer Einführung in dieses Beispiel soll das Konzept der *Faithfulness* dargestellt werden, das rationale Manipulationen der Agenten am Mechanismus ausschließt. Die drei zentralen Aspekte dieses Konzepts, die Anreiz-, Berechnungs- und Kommunikationskompatibilität werden in den drei darauf folgenden Abschnitten auf das Beispiel des Mechanismus für BGP übertragen und diskutiert. Schließlich wird das Komplexitätsmodell aus Kapitel 2 für verteilte Mechanismen angepasst und der Beispiel-Mechanismus anhand dieses Modells analysiert.

4.1 Interdomain Routing als Beispiel

4.1.1 Problemstellung

Das Internet ist ein Zusammenschluss verschiedener autonomer Teilnetze der unterschiedlichsten staatlichen und nichtstaatlichen Institutionen und Unternehmen, z. B. dem Deutschen Forschungsnetz, dem Netz von France Télécom, dem Netz von Harvard, Microsoft etc. Diese Teilnetze werden auch als autonome Systeme (AS) bezeichnet. Entsprechend der Terminologie der Spieltheorie bezeichnen wir sie als Agenten. Beim Routing von Nachrichten im Internet müssen zwei verschiedene Formen unterschieden werden: Das *Intra*domain-Routing innerhalb eines autonomen Systems und das *Inter*domain-Routing von einem autonomen System in ein anderes. Für das Intradomain-Routing kann jedes autonome Teilnetz ein eigenes Verfahren verwenden. Interdomain Routing zwischen verschiedenen Teilnetzen verlangt dagegen einen gemeinsamen Standard. Dieser Standard ist im Internet zur Zeit das Border-Gateway-Protokoll (BGP) [79]. BGP ist ein dezentrales Pfad-Vektor-Protokoll. Die Eingabe, der Netzwerkgraph, ist dezentral gespeichert und auch das Ergebnis, die besten Wege von jedem Teilnetz zu allen anderen Teilnetzen, wird dezentral berechnet und gespeichert. Alle Teilnetze sind gleichberechtigt, es gibt keinen Kandidaten für ein Zentrum. Deshalb ist bei diesem Problem der Einsatz eines verteilten Mechanismus naheliegend.

Der optimale Pfad von einem Teilnetz zu einem anderen führt üblicherweise durch mehrere dazwischenliegende Teil-

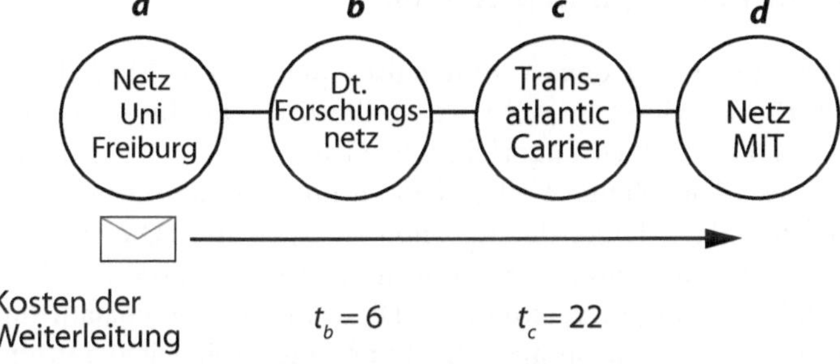

Abb. 4.1. Das Internet besteht aus miteinander verbundenen Teilnetzen. Zwischenliegende Netze leiten fremde Nachrichten weiter, was Kosten verursacht

netze (siehe Abb. 4.1. Für ein insgesamt effizientes Ergebnis ist es also erforderlich, dass autonome Systeme innerhalb ihres Netzes Transitverkehr weiterleiten. Da damit jedoch Kosten verbunden sind, wird ein rationales autonomes System bestrebt sein, keinen oder so wenig wie möglich Transitverkehr zu befördern. Es könnte versuchen, durch falsche Angaben zu den entstehenden Kosten oder verfälschte Berechnung oder Nachrichtenweiterleitung das Ergebnis des Mechanismus zu manipulieren, so dass nicht mehr in jedem Fall der optimale Pfad gewählt wird. Dadurch entsteht ein für die Gemeinschaft ineffizientes Ergebnis. Es liegt also auch hier der bereits in Kapitel 2 beschriebene Gegensatz von partikularen Interessen und denen der Gemeinschaft vor. Daher ist die Einrichtung eines Mechanismus, der trotz des eigennützigen Verhaltens der Agenten ein effizientes Ergebnis sichert, sinnvoll. Ein solcher Mechanismus, der von Feigenbaum, Papadimitriou, Sami und Shenker [35, 36] entwickelt und von Shneidman und Parkes [87] erweitert wurde, soll im Folgenden vorgestellt werden.

Routing-Graph und Kosten

Wir gehen von dem vereinfachten abstrakten Modell von BGP aus, wie es in [45] vorgestellt wird. Das Internet werde in Form eines ungerichteten Graphen $G = (V, E)$ modelliert. Die Menge V der Knoten im Graphen besteht dabei aus der Menge der autonomen Systeme. (Die Begriffe 'Knoten', 'autonomes System' und 'Agent' werden im Folgenden synonym verwendet.) Diese bilden gemeinsam das Internet. Die autonomen Systeme sind (teilweise) miteinander vernetzt. Eine solche Vernetzung zweier autonomer Systeme wird durch eine ungerichtete Kante $e \in E$ ausgedrückt. Jeder Knoten $v \in V$ sei durch eine eindeutige Kennung identifiziert. Der Einfachheit halber nehmen wir an, der Graph sei zweifach verbunden und zwischen je zwei benachbarten Knoten existiere höchstens eine Kante.

Das Border-Gateway-Protokoll unterstützt verschiedene sogenannte Routing-Policies, die festlegen, welche Kriterien einen optimalen Weg ausmachen. Der üblichste Ansatz besteht darin, den Weg mit der geringsten Anzahl an Transitnetzen zu wählen (AS-Hops). Der optimale Weg kann aber auch nach anderen Kriterien gewählt werden, wie politischen, ökonomischen oder Sicherheitskriterien. Wir beschränken hier das BGP-Modell auf die Wahl von kostengünstigsten Pfaden, was eine einfache Erweiterung der AS-Hops-Policy ist.

Bei der Weiterleitung einer Transitnachricht entstehen einem autonomen System bestimmte Kosten. Die Summe der Transitkosten für alle an der Weiterleitung beteiligten Transitnetze ergibt die Kosten des Weges. Im Gegensatz zu den ungenauen Kosten der AS-Hops sollen in unserem Modell die tatsächlichen Kosten herangezogen werden, die je nach Knoten unterschiedlich sein können. Zur Vereinfachung betrachten wir nicht das Intradomain-Routing innerhalb eines Knotens und nehmen an, dass die Kosten eines Knotens gleich sind, egal von welchem Nachbarknoten die Nachricht kommt und zu welchem Nachbarn sie weitergeleitet werden soll. Somit kann über eine Kostenfunktion $c : V \rightarrow \mathbb{R}$ jedem Knoten ein fester Kostenwert für die Weiterleitung einer Nachricht zugeordnet werden, den nur er privat kennt.[1] Dieser Wert ist sein *Typ* t_i. Entstehen einem Knoten bei der Weiterleitung einer Transitnachricht beispielsweise Kosten in Höhe von 3, so sei sein Typ $t_i = 3$. Wie bei den Beispielen in Kapitel 2 hat auch hier der Agent

---

[1] Wir nehmen an, dass bei der Übermittlung von Nachrichten über Kanten $e \in E$ des Graphen, die zwei Teilnetze verbinden, keine Kosten entstehen.

die Möglichkeit, seinen Typ, den ja nur er privat kennt, je
nach seiner Strategie s_i unter Umständen falsch zu deklarieren. Es ist damit nicht gesichert, dass der deklarierte Typ
$\hat{t}_i = s_i(t_i)$ gleich seinem wahren Typ t_i ist. Abbildung 4.2
zeigt einen Beispielgraphen für BGP-basiertes Routing.

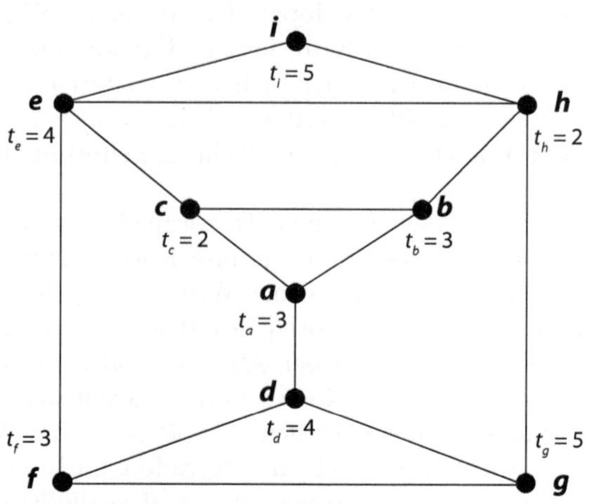

Abb. 4.2. Ein Beispiel eines einfachen Graphen für das auf dem
Border-Gateway-Protokoll basierende Interdomain Routing

Um den Aufwand für die Weiterleitung einer Transitnachricht auszugleichen, bekommen die Agenten Zahlungen p_i. Die einzige Vorannahme, die wir dabei treffen, ist,
dass Agenten, die keinen Transitverkehr weiterleiten, auch
keine Zahlung bekommen. Das schließt ein, dass die Agenten, in deren Teilnetz sich der Sender oder Empfänger der
Nachricht befindet, keine Zahlung erhalten. Sie leiten die
Nachricht ja aus eigenem Interesse weiter. Zur Verwaltung
der Zahlungen schlägt [36] die Einrichtung einer Bank vor,
die ein zentraler Knoten ist. Dies ist eine nicht unerhebli-

che Einschränkung des verteilten Modells, bisher ist jedoch noch unklar, wie auch die Bank verteilt implementiert werden könnte. Der Knoten der Bank sei in unserem Modell nicht in der Menge V der Knoten des Graphen enthalten.

Die Bezahlung ist abhängig von der Anzahl der weitergeleiteten Nachrichten. Für alle $a, b \in V$ sei T_{ab} (von engl.: *traffic*) die Anzahl der Pakete, die von den Knoten a nach b befördert werden. Sei $I_i(t, a, b)$ die Indikatorfunktion, die angibt, ob i bei Kosten t ein Transitknoten auf dem günstigsten Pfad von a nach b ist (Wert ist 1) oder nicht (Wert ist 0). Da nur die Transitkosten berücksichtigt werden, setzen wir $I_a(t, a, b) = I_b(t, a, b) = 0$.

Der Nutzen eines Agenten ergebe sich, analog der in Abschnitt 2.3 vorgestellten Nutzenfunktion, aus der Summe des Wertes des Ergebnisses und der damit verbundenen Zahlung. Da der Wert hier Kosten für den Agenten darstellt, ist er negativ. Damit ergibt sich

$$u_i = - \sum_{a,b \in V} T_{ab} I_i(t, a, b) t_i + p_i$$

Ziel des Mechanismus ist es, wie im Routing-Beispiel aus Kapitel 2, ein effizientes Ergebnis zu garantieren, d. h. eine Minimierung der totalen Kosten, um alle Nachrichten vom jeweiligen Sender zum jeweiligen Empfänger zu routen. Die totalen Kosten ergeben sich als

$$V(t) = \sum_{a,b \in V} T_{ab} \sum_{k \in V} I_k(t, a, b) t_k$$

Die Minimierung von $V(t)$ ist äquivalent dazu, die Kosten des Pfades von a nach b für alle $a, b \in V$ zu minimieren.

4.1.2 Ablauf des verteilten Mechanismus

Bei unserem BGP-basierten Mechanismus unterscheiden wir zwei Phasen:

- Eine *Konstruktionsphase*, in der die Typdeklaration stattfindet (Konstruktionsphase I) und in der die kürzesten Wege zwischen allen Knoten und die damit verbundenen Zahlungen berechnet werden (Konstruktionsphase II).
- Eine *Ausführungsphase*, in der über den Graphen Nutzdaten gesendet werden können.

Eine klare Trennung in diese beiden Phasen, die beim Border-Gateway-Protokoll miteinander verwoben sind, ist deshalb möglich, weil wir vereinfachend von einem statischen Graphen ausgehen. Bei jeder Veränderung des Graphen startet der Mechanismus erneut die Konstruktionsphase. Es wird angenommen, dass die Bank für den Start einer neuen Phase verantwortlich ist.

Die Konstruktionsphase I des BGP-basierten Mechanismus besteht im Austausch der Typinformationen. Jeder Agent sendet eine Nachricht mit seiner Typdeklaration an alle seine Nachbarn. Erhält er von einem Nachbarn eine Nachricht mit Typdeklarationen, die er noch nicht kennt, dann leitet er diese an alle übrigen Nachbarn weiter und legt die neuen Werte in einer eigenen Tabelle für spätere Zugriffe ab. Am Ende dieser Phase hat so jeder Agent eine vollständige Tabelle mit den deklarierten Kosten aller anderen Agenten für den Transit einer Nachricht.

In der Konstruktionsphase II berechnet jeder Knoten die jeweils günstigsten Pfade zu allen anderen Knoten und die für eine Nachrichtenübermittlung fälligen Zahlungen an die Transitknoten. Insgesamt sind also $O(n^2)$ Instanzen des Shortest-Path-Problems zu lösen.

Die Informationen über den Graphen sind verteilt in den Knoten gespeichert. Jeder Knoten kennt dabei seine Nachbarn. Die verteilte Berechnung findet in aufeinanderfolgenden Schritten statt: In jedem Schritt kann ein Knoten Nachrichten seiner Nachbarknoten mit deren günstigsten Wegen und Zahlungen empfangen, woraufhin er seine eigenen günstigsten Wege und die damit verbundenen Zahlungen als Funktion der Informationen seiner Nachbarn und seiner lokalen Kenntnis des Graphen ermitteln kann. (Näheres zu dieser Berechnung in Abschnitt 4.3.2.) Bei Aktualisierungen sendet er anschließend Nachrichten mit seinen günstigsten Wegen und den dazugehörigen Zahlungen an alle seine Nachbarn. Es kann gezeigt werden, dass die Informationen der Agenten nach einer bestimmten Anzahl von Iterationen konvergieren. Dann tritt die Ausführungsphase ein, in der Nachrichten versendet werden können.

4.1.3 Lokale Informationen jedes Knotens

Neben einer Matrix der deklarierten Kosten aller übrigen Agenten speichern die Agenten je eine Routing- und eine Zahlungstabelle. Die *Routing-Tabelle* eines Knotens i enthält die Kosten c_{ij} des günstigsten Pfades zu jedem Knoten $j \neq i$ sowie für jeden dieser Pfade einen Vektor via_{ij}, der die Bezeichner der auf diesem Pfad zu durchquerenden Knoten enthält. Die *Zahlungstabelle* enthält für jeden günstigsten Pfad die Werte der Zahlungen, die an jeden der daran beteiligten Transitknoten gemacht werden müssen, falls eine Nachricht entlang dieses Pfades geroutet wird. Da sich die Höhe der Zahlung an einen Knoten je nach Quelle und Ziel der Nachricht unterscheiden kann (siehe Abschnitt 4.3.1), genügt es hier nicht, für jeden Knoten des Graphen nur einen einzigen Wert zu speichern. Stattdessen muss für jeden Knoten pro günstigstem Pfad, an dem er beteiligt ist, ein Wert gespeichert werden. In der Ausführungsphase speichert der Agent darüber hinaus die Summe der Zahlungen, die er jedem anderen Agenten für die Transitübermittlung seiner eigener Nachrichten schuldet. Diese

Abrechnungstabelle übermittelt er in regelmäßigen Abständen an die Bank, die die Zahlungen verrechnet.

Zur Veranschaulichung sind die Tabellen, die ein Agent speichert, in Tabelle 4.1 für den Agenten a aus dem Beispielgraphen von Abb. 4.2 angegeben. Auf der linken Seite ist die Typdeklarationstabelle dargestellt, in der der Agent die deklarierten Kosten aller anderen Knoten speichert. Die Routing-Tabelle zeigt die günstigsten Wege zu allen anderen Knoten. Die letzte Zeile zeigt beispielsweise, dass der Knoten i über die Transitknoten b und h erreichbar ist. Dadurch entstehen den Transitnetzen Gesamtkosten in Höhe von 5. Wird eine Nachricht auf diesem günstigsten Weg an Agent i gesendet, erhalten die beteiligten Transitknoten Ausgleichszahlungen für den Aufwand, den sie dadurch haben. In der Zahlungstabelle wird ersichtlich, dass in diesem Fall Knoten b eine Zahlung in Höhe von 4 und Knoten h eine Zahlung in Höhe von 3 bekommt. Die Werte der Abrechnungstabelle sind von Anzahl und Weg der gesendeten Nachrichten abhängig und werden somit erst in der Ausführungsphase benötigt. Deshalb ist hier diese Tabelle nicht angegeben.

4.2 Das Konzept der *Faithfulness*

Wie bei den zentralisierten Mechanismen in Kapitel 2 ist es auch hier unser Ziel, Manipulationen der Agenten auszuschließen, um ein effizientes Ergebnis zu garantieren. Da die Agenten nicht nur an der Typdeklaration, sondern auch an der verteilten Berechnung und Nachrichtenweiterleitung beteiligt sind, gilt es auch bei diesen Aktionen, Manipulationen durch eigennützige Agenten zu verhindern. Solche Manipulationen könnten z. B. darin bestehen, auf die verteilte Berechnung der Zahlungsfunktionen derart Einfluss zu neh-

Tabelle 4.1. Beispiel der Tabellen, die ein Agent beim BGP-basierten Mechanismus für Interdomain Routing speichert, für den Graphen in Abb. 4.2.

Typdekl.tab.		Routing-Tab.			Zahlungstab.	
x	t_x	**x**	via_{ax}	c_{ax}	**x**	p_{ax}
b	3	**b**	–	0	**b**	–
c	2	**c**	–	0	**c**	–
d	4	**d**	–	0	**d**	–
e	4	**e**	<c>	2	**e**	<5>
f	3	**f**	<d>	4	**f**	<6>
g	5	**g**	<d>	4	**g**	<5>
h	2	**h**	<b>	3	**h**	<6>
i	5	**i**	<b, h>	5	**i**	<4, 3>

men, dass die eigene Zahlung erhöht wird. Oder es könnten durch fehlerhaft oder gar nicht weitergeleitete Nachrichten andere Agenten an der Teilnahme am Mechanismus gehindert werden. Das Konzept der Anreizkompatibilität, das eine wahrheitsgemäße Typdeklaration garantiert, muss also um geeignete Konzepte ergänzt werden, die sicherstellen, dass die Agenten auch Nachrichten korrekt weiterleiten und Berechnungen korrekt durchführen.

Shneidman und Parkes [87] entwickelten daher ein Konzept, eigennützige Manipulationen in verteilten Mechanismen auszuschließen. Analog zur Anreizkompatibilität definieren sie zum einen die sogenannte Berechnungskompatibilität, die dann vorliegt, wenn die Agenten in einem verteilten Mechanismus die ihnen aufgetragenen Berechnungen wie vorgesehen ausführen. Zum anderen definieren sie die Kommunikationskompatibilität, die vorliegt, wenn Agenten Nachrichten korrekt weiterleiten. Ein verteilter Mechanismus, der alle drei Eigenschaften – Anreiz-, Berechnungs-

und Kommunikationskompatibilität – hat, in dem die Agenten also keinen Anreiz für Manipulationen jedwelcher Art haben, wird als *faithful* bezeichnet. In diesem Abschnitt soll nun zunächst der theoretische Ansatz von *Faithfulness* eingeführt werden, bevor im darauf folgenden Abschnitt diskutiert wird, wie *Faithfulness* für den Mechanismus für Interdomain Routing gewährleistet werden kann.

4.2.1 Das Strategiemodell

Entsprechend den erweiterten Möglichkeiten, die das strategische Verhalten der Agenten in einem verteilten Mechanismus hat, muss das Strategiemodell erweitert werden. Eine Strategie besteht bei einem verteilten Mechanismus nicht mehr, wie in Kapitel 2 definiert, nur aus einer Strategie zur Typdeklaration, sondern schließt auch das Verhalten bei Berechnungen und Nachrichtenweiterleitung mit ein. Shneidman und Parkes unterscheiden drei verschiedene Komponenten einer Strategie $s_i \in \Sigma$: (a) Strategie der Informationsenthüllung e_i, (b) Berechnungsstrategie b_i und (c) Strategie der Nachrichtenweiterleitung w_i (siehe Abb. 4.3). Eine Strategie in einem verteilten Mechanismus ergibt sich damit zu:

$$s_i(t_i) = (e_i(t_i), b_i(t_i), w_i(t_i))$$

Betrachten wir nun jede der drei Unterstrategien genauer:

Eine *Strategie der Informationsenthüllung* $e_i(t_i)$ führt externe Aktionen aus, deren einzige Auswirkung in der Enthüllung konsistenter (evtl. partieller oder unwahrer) Informationen über den Typ eines Agenten gegenüber anderen Agenten besteht. Diese Unterstrategie deckt sich mit der Strategie, wie wir sie in Kapitel 2 für zentralisierte Mechanismen definiert haben. In unserem Beispiel wäre das die

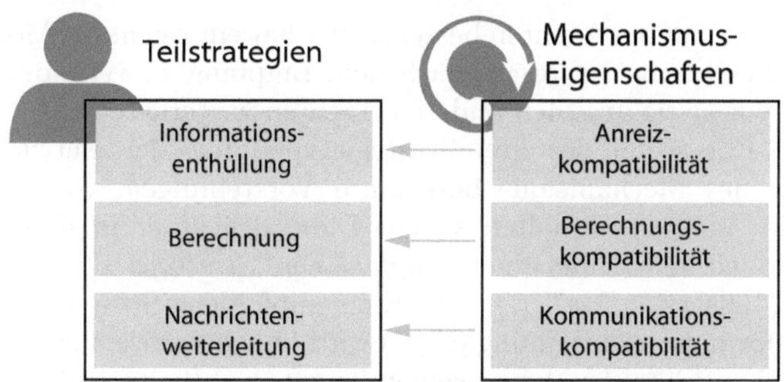

Abb. 4.3. Die drei Bereiche strategischen Agentenverhaltens in verteilten Mechanismen und die Eigenschaften des Mechanismus, inkorrektes Verhalten zu verhindern

Deklaration der Kosten, die einem autonomen System bei der Nachrichtenweiterleitung entstehen. Strategien der Informationsenthüllung geben einem Agenten also nicht mehr Manipulationsmöglichkeiten als die, die ein Agent in einem zentralisierten Mechanismus hat. Insbesondere können diese Strategien die Art und Weise, in der die Ergebnis- und Zahlungsfunktionen berechnet werden, nicht beeinflussen.

Eine *Berechnungsstrategie* $b_i(t_i)$ führt externe Aktionen aus, die die Regeln zur Bestimmung des Ergebnisses und der Zahlungen, wie sie in der Spezifikation des Mechanismus vorgesehen sind, beeinflussen können und die mehr beinhalten als eine einfache Weiterleitung einer Nachricht. Eine Berechnungsstrategie ermöglicht also die Manipulation der Algorithmen zur Bestimmung der Ergebnis- und Zahlungsfunktionen. Solche Einflussmöglichkeiten für Agenten gibt es bei zentralisierten Mechanismen nicht.

Eine *Strategie der Nachrichtenweiterleitung* $w_i(t_i)$ führt externe Aktionen aus, deren einzige Auswirkung in der Weiterleitung einer von einem Agenten erhaltenen Nachricht an einen anderen Agenten besteht. Hier hat ein Agent die Möglichkeit, eine Nachricht nach dem Empfang zu verändern, bevor er sie an einen anderen Agenten weiterleitet.

Für jeden der drei Strategietypen hat der Entwickler des Mechanismus bestimmte Vorstellungen, wie sich die Agenten verhalten sollen. Diese drückt er in diesem Modell mit Hilfe einer *empfohlenen Strategie* $s_i^m(t_i) = (e_i^m(t_i), b_i^m(t_i), w_i^m(t_i))$ aus. Eine empfohlene Strategie zur Informationsenthüllung $e_i^m(t_i)$ wird üblicherweise darin bestehen, dass der Agent seinen Typ t_i wahrheitsgemäß deklarieren soll. Die empfohlene Strategie der Nachrichtenweiterleitung $w_i^m(t_i)$ könnte besagen, die Nachrichten unverfälscht weiterzuleiten. Die empfohlene Berechnungsstrategie $b_i^m(t_i)$ könnte fordern, die Berechnungen so auszuführen wie in der Spezifikation vorgesehen. Den Vektor der empfohlenen Strategien an alle Agenten $(s_1^m(t_1), \ldots, s_n^m(t_n))$ schreiben wir kurz als $s^m(t)$.

Shneidman und Parkes [87] definieren damit einen verteilten Mechanismus wie folgt:

$$\mathcal{M} = (\Sigma, g(\cdot), p_1(\cdot), \ldots, p_n(\cdot), s^m(\cdot))$$

4.2.2 Ein schwächeres Gleichgewichtsmodell

Bei zentralisierten Mechanismen wird üblicherweise ein Gleichgewicht in dominanten Strategien gefordert. Bei diesem Gleichgewicht benötigen Agenten keinerlei Wissen über die anderen Agenten, sie müssen nicht einmal davon ausgehen, dass sich diese rational-nutzenmaximierend verhalten. Shneidman und Parkes argumentieren, dass die Forderung eines derart starken Gleichgewichts unrealistisch sei. Es sei unwahrscheinlich, dass *beliebige* eventuell irrationale Abweichungen anderer Knoten von der empfohlenen Strategie immer noch zu einer Situation führen, in der jedem Agenten eine dominante Strategie verfügbar ist, also eine Strategie, die völlig unabhängig von den Strategien der anderen Agenten immer nutzenmaximierend ist. Sie plädieren deshalb für eine Abschwächung des Gleichgewichtskonzepts auf das ex post Nash-Gleichgewicht.

Definition 4.1 (Ex post Nash-Gleichgewicht). *Ein Strategieprofil* $s^* = (s_1^*, \ldots, s_n^*)$ *ist in einem* ex post Nash-Gleichgewicht, *wenn für alle Agenten* i, *alle Strategien* $s_i' \in \Sigma$ *und für alle Typprofile* t *gilt:*

$$u_i(s_i^*(t_i), s_{-i}^*(t_{-i}), t_i) \geq u_i(s_i'(t_i), s_{-i}^*(t_{-i}), t_i)$$

Grenzen wir diese Definition von der des klassischen Nash-Gleichgewichts und des dominanten Gleichgewichts ab: Beim klassischen Nash-Gleichgewicht verfügt ein jeder Agent über eine Gleichgewichtsstrategie $s_i^* \in \Sigma$, die für die *gegebenen* Strategien $s_{-i} \in \Sigma^{n-1}$ der anderen Agenten unter allen möglichen eigenen Strategien $s_i \in \Sigma$ optimal ist. Der Agent muss für seine Strategiewahl damit aber die konkreten Strategiewahlen der Mitspieler oder deren Typen kennen. Beim dominanten Gleichgewicht ist eine Gleichgewichtsstrategie s_i^* für alle Typprofile t_{-i} und alle Strategieprofile s_{-i} der anderen Agenten optimal. Der Agent muss daher weder Typen noch Strategiewahlen seiner Mitspieler kennen, um seine optimale Strategie bestimmen zu können. Bei einem ex post Nash-Gleichgewicht verfügt jeder Agent über eine Gleichgewichtsstrategie s_i^*, die für beliebige Typprofile t_{-i} optimal ist, *wenn* die anderen Agenten $j \neq i$ ihre Gleichgewichtsstrategien $s_j^*(t_j)$ wählen, sich also rational verhalten. Damit muss der Agent nicht die Typen der Mitspieler kennen. Allerdings geht er davon aus, dass diese sich rational, nutzenmaximierend verhalten. Diese Annahmen über das Wissen des Agenten sind immer noch deutlich schwächer als die des Nash-Gleichgewichts, bei dem die

Agenten Kenntnisse über die Typen oder tatsächlich gewählten Strategien der Mitspieler benötigen. Wir nehmen an, dass die Agenten eigennützig, aber wohlwollend sind, d. h. bei mehreren für sie gleich guten Strategien diejenige wählen, die für die Mitspieler besser ist. Daher genügt die Forderung eines *schwachen* Gleichgewichts.

Die Abschwächung des Gleichgewichtskonzeptes ist wohl der notwendige Preis, der in vielen Fällen für die Abkehr von der Berechnung in einem vertrauenswürdigen zentralen Knoten bezahlt werden muss.

Mit diesen Voraussetzungen können wir einen Mechanismus definieren, der *faithful* ist:

Definition 4.2 (Faithfulness [87]). *Ein verteilter Mechanismus* $\mathcal{M} = (\Sigma, g(\cdot), p_1(\cdot), \ldots, p_n(\cdot), s^m(\cdot))$ *ist* faithful, *wenn die empfohlene Strategie* s^m *zu einem (schwachen) ex post Nash-Gleichgewicht führt.*

Ein verteilter Mechanismus ist also dann *faithful*, wenn das korrekte Befolgen der empfohlenen Strategie den Nutzen der Agenten für alle möglichen Typen der Mitspieler maximiert.

4.2.3 Anreiz-, Berechnungs- und Kommunikationskompatibilität

Ein Mechanismus, der *faithful* ist, muss sicherstellen, dass die empfohlene Strategie s^m befolgt wird. Diese besteht aus drei Unterstrategien. Insofern muss der Algorithmus gegen Manipulation bei der Typdeklaration, der Berechnung und der Nachrichtenweiterleitung robust sein. Dafür führen Shneidman und Parkes [87] neben der Anreizkompatibilität das Konzept der Berechnungs- und Kommunikationskompatibilität ein.

Das erweiterte Konzept von Anreizkompatibilität erlaubt auch inkrementelle Informationsenthüllung (iterative Mechanismen):

Ein verteilter Mechanismus ist *anreizkompatibel*, wenn für alle Agenten i und alle Typprofile t gilt: Es existiert ein ex post Nash-Gleichgewicht, in dem Agent i keinen höheren Nutzen erreichen kann, wenn er von der empfohlenen Strategie der Informationsenthüllung $e_i^m(t_i)$ abweicht.

Üblicherweise wird die empfohlene Strategie der Informationsenthüllung besagen, den eigenen Typ wahrheitsgemäß zu deklarieren. Dann deckt sich diese Definition mit der in Kapitel 2 eingeführten Definition von Anreizkompatibilität für direkt-enthüllende Mechanismen.

Ein Mechanismus ist dann *berechnungskompatibel*, wenn ein ex post Nash-Gleichgewicht existiert, in dem ein Agent keinen höheren Nutzen erreichen kann, wenn er von der empfohlenen Berechnungsstrategie $b_i^m(t_i)$ abweicht. Ein solcher Mechanismus ist gegen rationale Manipulationen bei der verteilten Berechnung von Ergebnis- und Zahlungsfunktionen robust.

Wenn die Agenten in einem verteilten Mechanismus auch Teil der Kommunikationsinfrastruktur sind, haben sie darüber hinaus die Möglichkeit, die Weiterleitung von Nachrichten zu manipulieren. Dies schließt einen Mechanismus aus, der *kommunikationskompatibel* ist. Dies ist der Fall, wenn durch eine Abweichung von der empfohlenen Strategie der Nachrichtenweiterleitung $w_i(t_i)$ kein höherer Nutzen erreicht werden kann. Die empfohlene Strategie der Nachrichtenweiterleitung wird üblicherweise besagen, jede weiterzuleitende Nachricht unverfälscht zu übermitteln.

Wenn diese drei Eigenschaften in demselben Gleichgewicht vorliegen, so ist der Mechanismus *faithful*. (Wir gehen davon aus, dass der Mechanismus, falls mehrere Gleichgewichte existieren, die Agenten durch Koordination zur Wahl desselben Gleichgewichts bewegen kann.) Diese Kriterien sind notwendig und hinreichend.

Faithfulness kann mit verschiedenen Konzepten erreicht werden. Dazu gehören unter anderem Redundanz, Partitionierung und Kryptographie. Diese Elemente werden im Folgenden auch in der Konstruktion des Mechanismus für Interdomain Routing zum Einsatz kommen.

4.3 *Faithfulness* des Mechanismus für Interdomain Routing

Mit diesem Rahmenwerk haben wir einerseits gewisse Richtlinien für die Konstruktion von verteilten Mechanismen und andererseits ein mächtiges Handwerkszeug für deren Analyse zur Hand. Im Folgenden soll nun ein Ansatz vorgestellt werden, wie *Faithfulness* in unserem Beispiel des Mechanismus für Interdomain Routing erreicht werden kann.

Um bei der Analyse eines verteilten Mechanismus zu zeigen, dass dieser *faithful* ist[2], besteht das einfachste Vorgehen darin, den Beweis aufzuteilen: In jedem von drei Schritten soll für jede dieser drei Kompatitibilitäten jeweils einzeln bewiesen werden, dass sie vorliegt. Um wechselseitige Beeinflussungen zwischen den drei Unterstrategien e_i, b_i und w_i auszuschließen, wird dabei eine stärkere Definition von Berechnungs- und Kommunikationskompatibilität herangezogen. Bei dieser führt eine Abkehr von der empfohlenen jeweiligen Strategie zu keinem höheren Nutzen, *egal* welche Strategie er in den jeweils beiden anderen Unterstrategien verfolgt. Eine formale Definition ist in [87] zu finden.

---

[2] Für den gegenteiligen Beweis, dass ein Mechanismus *nicht faithful* ist, zeigt [88] eine mögliche Vorgehensweise.

Damit kann der Beweis von *Faithfulness* in drei Teile aufgespalten werden:

1. Beweis, dass der entsprechende zentralisierte Mechanismus strategisch robust ist.

2. Beweis, dass starke Berechnungskompatibilität vorliegt.

3. Beweis, dass starke Kommunikationskompatibilität vorliegt.

Der Beweis kann darüber hinaus weiter aufgespalten werden, indem klar getrennte Phasen des Mechanismus jeweils für sich betrachtet werden.

In den folgenden Abschnitten werden wir einen auf BGP aufbauenden verteilten Mechanismus für Interdomain Routing kennen lernen. Für jeden der drei Teilbereiche von *Faithfulness* werden dabei mögliche Lösungsansätze vorgestellt.

4.3.1 Anreizkompatibilität

Für den Beweis von *Faithfulness* unseres Mechanismus für Interdomain Routing müssen wir zunächst zeigen, dass der entsprechende zentralisierte Mechanismus strategisch robust ist. Wir müssen also Zahlungsfunktionen p_i finden, die garantieren, dass für die Agenten immer die beste Strategie darin besteht, ihren Typen wahrheitsgemäß zu deklarieren.

In Kapitel 2 haben wir mit den Vickrey-Clarke-Groves-Mechanismen (VCG) bereits eine allgemeine Technik zur Konstruktion von strategisch robusten Mechanismen kennen gelernt und entsprechende Zahlungsfunktionen für den zentralisierten Routing-Mechanismus hergeleitet. Die Forderungen an die Zahlungsfunktionen waren dort sehr ähnlich wie beim Interdomain Routing: Die Zahlungen sollen auf Basis von Kosten pro Paket berechnet werden und außerdem soll keine Zahlung erfolgen, wenn der Agent kein Paket weiterleitet. Dort entstanden zwar Kosten bei der Weiterleitung über *Kanten*, hier dagegen bei der Übermittlung innerhalb von *Knoten*, die ein autonomes System darstellen – dies stellt aber keinen grundsätzlichen Unterschied dar. Daher können wir den Ansatz von Abschnitt 2.6.1 leicht auf unsere Situation übertragen. Anders ist hier, dass wir nicht nur *einen* günstigsten Weg im Graphen finden wollen, sondern alle günstigsten Wege von allen Knoten $a \in V$ nach $b \in V \setminus \{a\}$.

Wir haben in Abschnitt 2.6.1 gesehen, dass Strategische Robustheit durch ein bestimmtes Zahlungsschema garantiert werden kann. Wenn ein Agent i mit seiner Kante Teil des günstigsten Weges von a nach b war, bekam er eine Bezahlung, die der Differenz der Kosten des i-vermeidenden Pfades und der Kosten des direkten Pfades ohne i entsprach. Andernfalls war seine Zahlung 0. Sei

$$t|_{i=\infty} = (t_1, \ldots, t_{i-1}, \infty, t_{i+1}, \ldots, t_n)$$

und

$$t|_{i=0} = (t_1, \ldots, t_{i-1}, 0, t_{i+1}, \ldots, t_n)$$

Damit kann diese Zahlungsfunktion in unserem Modell von BGP-basiertem-Routing (siehe Abschnitt 4.1) folgendermaßen ausgedrückt werden und garantiert dann Strategische Robustheit:

$$p_{i,ab} = \sum_{j \in V} I_j(t|_{i=\infty}, a, b)t_j - \sum_{j \in V} I_j(t|_{i=0}, a, b)t_j \tag{4.1}$$

Obwohl die *Kosten* für die Weiterleitung einer Nachricht durch das autonome Teilnetz eines Agenten unabhängig von Sender- und Empfängerknoten sind, ist also die *Bezahlung*, die der Agent für die Weiterleitung erhält, je nach Sender a und Empfänger b der Nachricht unterschiedlich.

Verdeutlichen wir uns diese Zahlungsfunktion am Beispielgraphen aus Abb. 4.4. Die Transitkosten für eine Nachricht von Knoten a zu Knoten e (fett markiert) betragen 2, nämlich die Kosten, die Knoten c, der auf dem günstigsten Pfad liegt, deklariert hat. Knoten c bekommt für den Transit einer Nachricht eine Bezahlung in Höhe der Kosten des günstigsten c-vermeidenden Pfades abzüglich der Kosten des direkten Pfades ohne c. Der günstigste c-vermeidende Pfad (gestrichelt markiert) geht über die Knoten b und h und hat Gesamtkosten in Höhe von 5. Damit ergibt sich $p_{c,ae} = 5 - 0 = 5$. Dieser Wert wird in unserem verteilten Modell von Agent a berechnet und gespeichert (dazu später mehr).

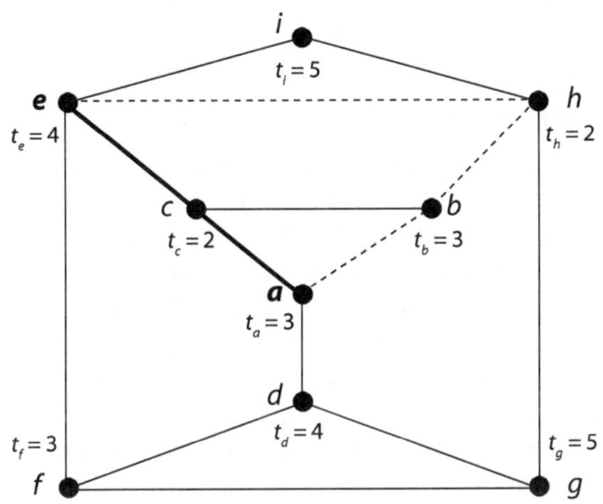

Abb. 4.4. Beispiel eines BGP-Graphen

Die gesamte Zahlung, die ein Agent vom Mechanismus für die Weiterleitung aller durch sein Netz zu befördernden Nachrichten erhält, ergibt sich mit Gleichung (4.1) zu:

$$p_i = \sum_{a,b \in V} T_{a,b} p_{i,ab} \qquad (4.2)$$

wobei $T_{a,b}$ die Anzahl der Pakete, die von Knoten a nach b befördert werden (siehe S. 111).

Wenn wir dem Mechanismus diese Zahlungsfunktion zugrunde legen, ist er strategisch robust, es ist also garantiert, dass alle rationalen Agenten ihre Typen wahrheitsgemäß deklarieren. Die erste der drei geforderten Kompatibilitäten ist damit gegeben.

Feigenbaum et al. beweisen in [36], dass dies die einzig mögliche Zahlungsfunktion ist, die unter den Annahmen unseres Modells Strategische Robustheit garantiert.

4.3.2 Verteilte Berechnung

In einem zweiten Schritt müssen wir nun definieren, auf welche Art und Weise die Ergebnis- und Zahlungsfunktionen verteilt berechnet werden. Es muss dabei gesichert sein, dass der Mechanismus stark berechnungskompatibel ist, d. h., dass kein Agent von der empfohlenen Berechnungsstrategie – dem vorgesehenen Algorithmus – abweicht. Dieser Abschnitt stellt zunächst die verteilte Berechnung vor. Der Frage, wie Manipulationen rationaler Agenten verhindert werden können, wird dann im nächsten Abschnitt nachgegangen.

Verteilte Berechnung der Ergebnisfunktion

Das Ergebnis des Mechanismus, d. h. die günstigsten Wege zwischen allen $a, b \in V$, wird wie im zugrunde liegenden Border-Gateway-Protokoll berechnet, wobei anstatt

AS-Hops reelle Kosten für den Transit einer Nachricht angenommen werden.

Am Ende von Konstruktionsphase I kennt jeder Agent die deklarierten Kosten der übrigen Agenten. Außerdem hat er eine lokale Kenntnis des Graphen, da er weiß, mit welchen Nachbarn er über eine gemeinsame Kante verbunden ist. Am Ende der verteilten Berechnung der Ergebnisfunktion soll jeder Agent i eine vollständige Routing-Tabelle besitzen, die den jeweils günstigsten Weg zu allen anderen autonomen Systemen $j \neq i$ enthält. Dabei soll jeweils eine Liste der auf dem günstigsten Weg zu traversierenden Knoten gespeichert werden. Der Agent soll darüber hinaus die Kosten dieser günstigsten Pfade kennen.

Die Berechnung läuft iterativ ab: Jeder Agent erhält von jedem Nachbarn, mit dem er über eine Kante $e \in E$ direkt verbunden ist, in jedem Schritt maximal eine Nachricht mit Aktualisierungen, die sich in dessen lokalen Tabellen ergeben haben. Mit diesen Daten aktualisiert er eventuell seine eigene Routing- und Zahlungstabelle, die er nach einer Aktualisierung an alle Nachbarn sendet. Dieser Schritt wird so lange iteriert, bis die Daten konvergieren.

Dem Aktualisierungsschritt liegt ein einfacher Ansatz zu Grunde. Zu Beginn werden die Werte für die zunächst unbekannten Distanzen überschätzt und auf unendlich gesetzt. Bei jedem iterativen Schritt wird im Folgenden geprüft, ob mit den veränderten Entfernungen, die Nachbarknoten in einem Update ihrer Routing-Tabelle mitteilen, ein oder mehrere kürzere Wege gefunden werden können. Falls ja, wird für jeden dieser Pfade die Distanz auf den neuen niedrigeren Wert gesetzt sowie der Vektor der auf diesem Pfad enthaltenen Knoten aktualisiert (das ist die *via*-Liste in Tabelle 4.1 auf S. 115). Spätestens nach d Schritten konvergieren die Werte, wobei d der Durchmesser des Graphen ist. Dann sind die korrekten Kosten der günstigsten Wege und die korrekten Listen der Transitknoten gespeichert.

Verteilte Berechnung der Zahlungsfunktion

Neben der Ergebnisfunktion, die die günstigsten Pfade angibt, müssen auch die Zahlungsfunktionen auf verteilte Art und Weise berechnet werden. Feigenbaum et al. stellen in [36] dafür einen geeigneten Algorithmus vor.

Die Zahlungsfunktion p_i, die wir in Abschnitt 4.3.1 definiert haben, gibt an, welche Zahlung Agent i für die Weiterleitung von Nachrichten durch sein autonomes System bekommt. Gleichung (4.2) zeigt, dass sich dieser Wert p_i als die nach Anzahl der gesendeten Nachrichten gewichtete Summe der Zahlungen $p_{i,ab}$ pro Pfad von a nach b ergibt. Wir erinnern uns, dass die Zahlungen $p_{i,ab}$ von Quelle a und Ziel b der Nachricht abhängen. Damit genügt es nicht, einen Wert pro Knoten $i \in V$ zu berechnen. Es muss stattdessen für jeden Knoten in der *via*-Liste des günstigsten Pfades (siehe S. 115) ein eigener Wert berechnet werden. Für jeden Knoten i ergeben sich damit $n(n-1)$ mögliche verschiedene Werte $p_{i,ab}$.

Im vorigen Abschnitt haben wir gesehen, dass jeder Knoten für die Berechnung der von ihm ausgehenden kürzesten Wege verantwortlich ist. Es ist naheliegend, ihm auch die Berechnung der mit diesem Weg verbundenen Zahlungen zu übertragen. Jeder Agent a berechnet so die Zahlungen $p_{i,ax}$ (für alle $i,x \in V$). Das sind die Zahlungen, die er an jeden Knoten i, der ein Transitknoten auf dem günstigsten Weg von a nach x ist, für jede einzelne Nachricht leisten muss, die er über diesen Weg zu Knoten x sendet. Die Summe dieser Teilwerte, die von verschiedenen Knoten berechnet werden, ergibt korrekte Werte p_i.

Ein Beispiel für eine solche Zahlungstabelle, die jeder Agent berechnet, ist in Tabelle 4.1 auf S. 115 dargestellt. p_{ax} bezeichnet dabei den Vektor aller $p_{k,ax}$. Betrachten wir die letzte Zeile, in dem der günstigste Weg zu Knoten i und die damit verbundenen Zahlungen dargestellt sind. Der günstigste Weg geht über die Transitknoten b und h. Die Zahlungen betragen $p_{b,ax} = 4$ und $p_{h,ax} = 3$.

Unser Ziel ist es, die Zahlungstabelle – ähnlich wie die Routing-Tabelle – aus den Nachrichten der Nachbarknoten zu berechnen. Diese Berechnung kann auf sehr ähnliche Weise wie die der Routing-Tabelle verteilt implementiert werden. Der Ansatz besteht auch hier darin, die Werte von $p_{i,ax}$, die ein Agent a berechnet, zunächst zu überschätzen und mit dem Wert ∞ zu initialisieren. In den darauf folgenden Schritten werden iterativ – wenn ein Nachbarknoten ein Update seiner Tabellen sendet – die eigenen Werte in der Zahlungstabelle mit denen des Nachbarknotens verglichen. Je nach Position des Nachbarknotens im Graphen kommt eine von vier simplen linearen Gleichungen zur Anwendung, mit Hilfe derer die eigenen Werte aktualisiert werden, falls sich damit ein geringerer Wert als der bisher gespeicherte ergibt. Alle Werte sind nach d' Schritten stabil, wobei d' das Maximum der Anzahl an Knoten des k-vermeidenden Pfades von a nach b über alle a, b, k ist. Die Details der Berechnung sind nicht komplex, können hier jedoch nicht ausgeführt werden. Der interessierte Leser sei auf [36] verwiesen.

4.3.3 Berechnungs- und Kommunikationskompatibilität

Wir haben nun verteilte Algorithmen zur Bestimmung der Ergebnis- und Zahlungsfunktionen kennen gelernt. Diese garantieren zwar die Korrektheit des Ergebnisses, wenn jeder Agent die Spezifikation wie vorgesehen erfüllt. Die Algorithmen für sich allein sind jedoch noch durch Manipulationen bei der Berechnung und Nachrichtenweiterleitung verwundbar. Damit der Mechanismus *faithful* ist, müssen die Berechnungen streng berechnungskompatibel und die Nachrichtenweiterleitung streng kommunikationskompatibel sein. Dafür sind verschiedene Ansätze denkbar, von denen hier einige diskutiert werden sollen. Einerseits kann ein Anreizsystem etabliert werden, das es für die Agenten unattraktiv werden lässt, Manipulationen bei der Berechnung oder der Weiterleitung von Nachrichten zu versuchen. Unser Beispiel für Interdomain Routing beruht maßgeblich auf diesem Ansatz. Andere Forschung verwendet kryptographische Techniken, die den Agenten Manipulationen unmöglich machen. Darüber hinaus ist in gewissen Settings denkbar, die Agenten in manipulationssicherer Hardware zu implementieren, die bestimmtes eigennütziges Verhalten von vornherein ausschließt, oder eine vertrauenswürdige Netzwerkstruktur als Basis des verteilten Mechanismus zu wählen.

Anreizsysteme

Der Ansatz, der im Folgenden vorgestellt wird, erzielt die Berechnungs- und Kommunikationskompatibilität durch ein geeignetes Anreizsystem. Dieses ist so konstruiert, dass es für die Agenten nachteilig ist, die verteilte Ergebnisberechnung oder Kommunikation zwischen den Agenten zu manipulieren. Deshalb kann davon ausgegangen werden, dass sich die rationalen Agenten auch bei diesen Schritten, so wie vom Mechanismus vorgesehen, verhalten.

Shneidman und Parkes entwickeln in [87] eine Technik, die auf Partitionierung und Redundanz, verbunden mit einem sogenannten Catch-and-Punish-Verfahren basiert. Die Kommunikation mit der Bank sei darüber hinaus kryptographisch signiert, nicht jedoch die Kommunikation der Knoten untereinander. Partitionierung bedeutet bei diesem Ansatz, dass ein Agent nicht an der Berechnung der Zahlungen, die er selbst erhält, beteiligt ist. Darüber hinaus werden redundante Berechnungen durch sogenannte Checker-Knoten durchgeführt, die das Verhalten ihrer Nachbarknoten überwachen. Jeder Knoten hat seine „normale" Knotenfunktion und agiert gleichzeitig als Checker für alle seine Nachbarknoten. Ein Checker arbeitet als Klon des Hauptknotens und führt redundant alle Berechnungen aus, die auch der Hauptknoten durchführt. Die so redundant berechneten Ergebnisse speichert er in einer gesonderten eigenen Tabelle ab, die dem Hauptknoten zugeordnet ist. Durch Partitionierung des Problems kann ein Checker-Knoten keinen individuellen Vorteil aus einer falschen Kontrollberechnung ziehen. Damit kann angenommen werden, dass er die Berechnung korrekt durchführen wird (unter der Annahme, dass Agenten keine Koalitionen bilden, um gemeinsam in Absprache Manipulationen durchzuführen). Falls nun der Hauptknoten eine Berechnung nicht gemäß der empfohlenen Berechnungsstrategie durchführt, kommt es zu Inkonsistenzen zwischen den Tabellen des Hauptknotens und den Prüftabellen der Checker-Knoten. Die Bank fordert die Knoten regelmäßig auf, Prüfsummen ihrer Tabellen zu übermitteln. Durch einen Vergleich kann diese dann feststellen, ob Manipulationen vorliegen, und gegebenenfalls Bestrafungen durchführen (Catch-and-Punish). Eine mögliche Bestrafung in der Konstruktionsphase könnte ein erzwungener Neustart der Phase sein, da angenommen werden kann, dass kein Knoten daran ein Interesse haben könnte. In der Ausführungsphase wird einem Knoten, der Manipulationen vorgenommen hat, ein geeigneter Strafbetrag in Rechnung gestellt.

Damit ein Checker-Knoten die Berechnungen des Hauptknotens durchführen kann, muss er dessen Informationen kennen. Deshalb sendet ein Hauptknoten jede Nachricht, die er erhält, zunächst an alle seine Checker-Knoten weiter. Hauptknoten und alle Checker-Knoten führen dann gleichzeitig dieselbe Berechnung aus und legen das Ergebnis in ihren Tabellen ab. Falls sich seine Tabellen geändert haben, versendet der Hauptknoten abschließend die veränderten Daten an seine Nachbarknoten. Dies machen die Checker-Knoten nicht, da sie keine ausführende, sondern lediglich eine prüfende Funktion haben.

Mit diesem Wissen lässt es sich nun besser verstehen, warum als Gleichgewichtskonzept für *Faithfulness* kein Gleichgewicht in dominanten Strategien, sondern das schwächere Ex post-Nash-Gleichgewicht herangezogen wird. Nehmen wir den Fall an, dass alle anderen Agenten $j \neq i$ die Berechnung manipulieren und auf eine gemeinsame, jedoch andere als die vorgesehene Weise durchführen. Würde nun Agent i die Berechnung korrekt durchführen, so würde dies zu einer Inkonsistenz führen, die von der Bank mit einer harten Strafe für alle Agenten geahndet würde. In diesem speziellen Fall kann also davon ausgegangen werden, dass es für Agent i vorteilhafter wäre, ebenfalls diese falsche Berechnung durchzuführen, damit keine Inkonsistenzen entstehen. Damit maximiert aber ein korrektes eigenes Verhalten nicht mehr in jedem Fall – völlig egal welche Strategie die anderen Agenten verfolgen – den eigenen Nutzen, was die Voraussetzung für die Wahl eines dominanten Gleichgewichtsmodells wäre. Dieser angenommene hypothetische Fall wird jedoch nicht auftreten, wenn die Agenten eine rationale Strategie verfolgen und keine Koalitionen bilden können. Für jeden einzelnen rationalen Agenten ist es dann nämlich nachteilig, die vorgesehene Strategie zu verändern, wenn davon ausgegangen werden kann, dass sich die anderen Agenten ebenfalls rational verhalten. Dies sind genau die Annahmen des Ex post-Nash-Gleichgewichts.

Es kann gezeigt werden, dass der verteilte Mechanismus mit den beschriebenen Eigenschaften *faithful* ist. Die wesentlichen Ansätze des Beweises sind dabei die folgenden: Zunächst ist festzustellen, dass wegen der Partitionierung kein Agent die Möglichkeit hat, eingehende Zahlungen zu seinen Gunsten zu beeinflussen. Diese werden schließlich von den anderen Agenten berechnet. Um die Werte für ausgehende Zahlungen zu manipulieren, müsste er alle Checker-Knoten dazu bringen, ebenfalls dieselben falschen Werte zu speichern. Andernfalls käme es zu Inkonsistenzen der Routing-Tabellen, die von der Bank entdeckt und bestraft würden. Es kann jedoch gezeigt werden, dass in jeder möglichen Konstellation immer mindestens ein Checker-Knoten über die korrekten Informationen verfügt und somit die Routing-Tabelle des Hauptknoten korrekt berechnen kann. Inkonsistenzen bei der Nachrichtenweiterleitung werden ebenfalls durch Checker-Knoten aufgedeckt: Da jede von einem anderen Knoten kommende Nachricht zumindest diesem Knoten bekannt ist, kann er als Checker fungieren.

Eine abschließende Bemerkung sei der Rolle der Bank gewidmet: Diese hat in dieser Konzeption, in der sie als neutraler Knoten Manipulationen aufdeckt und bestraft, deutlich mehr Aufgaben als im ursprünglichen Entwurf eines BGP-basierten Mechanismus von [36], in dem sie ausschließlich für die Abrechnung zuständig war. Hat damit die Bank im Grunde genommen nicht wieder die Funktionalität, die ein zentraler Knoten in einem zentralisierten Mechanismus hat? Kann überhaupt noch von einem verteilten Mechanismus gesprochen werden? Shneidman und Parkes argumentieren, dass die Bank trotz allem eine deutlich geringere Rolle innehat als ein zentralisierter Mechanismusknoten, da sie nur einfache Vergleiche ausführt, nicht jedoch komplexe Berechnungen für die Bestimmung von Ergebnissen und Zahlungen. Die Konstruktion einer verteilten Bank, die auf demselben Netzwerk rationaler Knoten läuft, ist ein offenes Forschungsproblem.

Einen ähnlichen Ansatz wie den hier vorgestellten verwendet [77], um die Berechnungs- sowie Kommunikationskompatibilität eines verteilten Mechanismus zur Constraint-Optimierung zu garantieren. Dieser Mechanismus ist *faithful* und basiert ebenfalls auf den Prinzipien der Partitionierung und redundanten Berechnung sowie der Androhung einer schweren Bestrafung durch die Bank, falls Inkonsistenzen zwischen den Teilergebnissen verschiedener Agenten festgestellt werden.

Kryptographische Ansätze

Eine andere Herangehensweise, die Berechnungs- und Kommunikationskompatibilität garantiert, besteht in der Verwendung kryptographischer Methoden. Neben der Verwendung von verschiedenen Techniken wie asymmetrische Verschlüsselung und Signierung von Nachrichten für konkrete verteilte Mechanismen (z. B. [96, 95]) ist speziell das Feld der Secure Multiparty Computation [94] von großem Interesse für unsere Problemstellung.

Secure Multiparty Computation untersucht, wie ein Problem, das die Agenten eines Multiagentensystems mit Hilfe eines vertrauenswürdigen Mediators lösen können, auch ohne diesen Mediator unter Zuhilfenahme von kryptographischen Ansätzen zu lösen ist. Es wird hierbei angenommen, dass jeder Agent i eine bestimmte private Information t_i besitzt, die zur Lösung des Gesamtproblems benötigt wird. Dieses besteht darin, für jeden Agenten i das Ergebnis einer Funktion $f_i(t_1, t_2, \ldots, t_n)$ zu bestimmen, die von den privaten Informationen aller Agenten abhängt. Jeder Agent i soll nur sein eigenes Ergebnis $f_i(\dots)$ erfahren, jedoch keine weiteren Informationen über Ergebnisse anderer Agenten $j \neq i$ erhalten. Wie der Leser unschwer erkennen kann, ist diese Problemstellung ausgesprochen gut auf die verteilte Berechnung von Ergebnis- und Zahlungsfunktionen in einem Mechanismus ohne zentrale Instanz übertragbar. Secure Multiparty Computation hatte zwar traditionell den Fokus auf verteilten System mit bösartigen, byzantinischem Agentenverhalten. Jüngere Forschung integrierte jedoch auch das spieltheoretische Konzept rationalen Agentenverhaltens, wie es dem Mechanismusdesign zugrunde liegt.

Der Rahmen und Fokus dieses Buches erlauben es nicht, detaillierter auf dieses Forschungsfeld einzugehen; für den interessierten Leser seien jedoch zwei aktuelle Veröffentlichungen erwähnt. Abraham et al. [1] betrachten im Vergleich zu dem hier vorgestellten Modell ein erweitertes Setting, in dem davon ausgegangen wird, dass Gruppen von Agenten strategische Koalitionen bilden und Agenten andere Nutzenfunktionen als rationale haben können. Letzteres ermöglicht es beispielweise, bösartiges oder aber altruistisches Verhalten zu modellieren. Die Autoren zeigen, dass jedes Gleichgewicht, das in einem Spiel mit einer vertrauenswürdigen zentralen Instanz erreicht werden kann, in einem Spiel ohne zentrale Instanz (außer einer Bank) simuliert werden kann. Voraussetzung ist im allgemeinen Fall das Vorhandensein von kryptographischer Verschlüsselung und einer „schmerzhaften" Bestrafung, falls sich ein Agent nicht an die Spielregeln hält. Wenn die Anzahl von Agenten, die Koalitionen bilden oder nicht-rationales Verhalten an den Tag legen, klein genug ist, gelingt dies sogar ganz ohne Verschlüsselung und Bestrafungsmechanismus. Das verwendete Nash-Gleichgewicht impliziert jedoch eine

Abschwächung gegenüber dem oben diskutierten Ex post-Nash-Gleichgewicht. Dies kann sich bei großen verteilten Systemen als unpraktikabel erweisen, da hier die Agenten für eine optimale Entscheidung die konkreten Strategiewahlen aller anderen Agenten kennen müssen. Izmalkov et al. [52] setzen noch stärker auf die Kryptographie und zeigen, dass grob gesagt jeder beliebige zentralisierte Mechanismus verteilt werden kann, ohne das Anreizsystem einer möglichen Bestrafung zu benötigen. Dieser Ansatz greift jedoch auf die Konzepte von Wahlurnen (ballot-box) und Briefumschlägen (envelope) zurück, von denen nicht klar ist, ob und wie diese für ein praktisches System implementiert werden könnten.

4.4 Die Komplexität von verteilten Mechanismen

4.4.1 Netzwerkkomplexität

Auf Grund des verteilten Berechnungsmodells muss das Komplexitätsmodell für Mechanismen, das in Kapitel 2.7 eingeführt wurde, erweitert werden. Feigenbaum, Papadimitriou und Shenker führen in [35, 36] ein allgemeines Komplexitätsmodell für verteilte Mechanismen ein. Dieses umfasst vier Aspekte:

1. Den lokalen Berechnungsaufwand der Knoten.
2. Die Gesamtzahl an gesendeten Nachrichten (idealerweise linear in Anzahl der Knoten).
3. Die maximale Zahl von Nachrichten, die über eine einzelne Verbindung gesendet werden (idealerweise konstant).
4. Die maximale Nachrichtengröße.

Der Aufwand soll in all diesen Aspekten gering sein.

Feigenbaum und Shenker argumentieren in [39], dass ein verteiltes Mechanismusproblem grob gesprochen dann hart ist, wenn nicht zugleich die Anforderungen von Anreizkompatibilität und von handhabbarer Netzwerkkomplexität erfüllt werden können. Dazu gehören einerseits beispielsweise NP-vollständige Probleme, die nicht von handhabbarer Netzwerkkomplexität sind. Andererseits gibt es keine allgemeinen strategisch robusten Mechanismen, die zugleich effizient und Budget-ausgeglichen sind.

Von größerem Interesse als Härte an sich ist aber Härte, die aus dem *Zusammenspiel* von Anreizkompatibilität und Netzwerkkomplexität resultiert. Diese wird als *kanonische Härte* bezeichnet. Sie liegt dann vor, wenn jede dieser Anforderungen für sich allein erfüllt werden kann, jedoch nicht beide gemeinsam. Feigenbaum et al. [37] zeigen mit dem Budget-ausgeglichenen Multicast-Routing-Mechanismus ein solches kanonisch hartes verteiltes Mechanismusdesignproblem. Bei zentralisierten Mechanismen sind dagegen bisher keine kanonisch harten Probleme bekannt [39].

Die genannten Begriffe von geringer Komplexität und „Härte" sind noch sehr unpräzise. Um zu beweisen, dass ein verteilter Mechanismus „hart" oder „vollständig" ist, bedürfte es einer generellen Komplexitätstheorie für verteilte Mechanismen, wie sie Nisan und Ronen [69, 66] für zentralisierte Mechanismen vorgestellt haben. Dies würde formale Berechnungsmodelle, geeignete Reduktionskonzepte und andere Grundlagen der Komplexitätstheorie voraussetzen und ist eine offene Forschungsfrage.

Die Komplexität eines Mechanismus ist aber nicht nur *absolut*, sondern auch *relativ* in Bezug auf den jeweiligen Standard zu betrachten, den der Mechanismus ersetzen soll. *Protokollkompatibilität* [36] ist ein wichtiger Aspekt im Distributed Mechanism Design und im Internet allgemein. Da keiner der eigenständigen Agenten dazu gezwungen werden kann, anstatt des bisherigen Protokolls ein neues Verfahren einzusetzen, müssen die Vorteile einer Migration auf dieses neue Verfahren überwiegen. So soll ein verteilter Mechanismus für das Internet eine einfache Erweiterung eines Standard-Internetprotokolls – und damit zu diesem kompatibel – sein, was seine Durchsetzung vereinfacht. Dabei ist einerseits die algorithmische Struktur des Mechanismus zu betrachten: Wenn diese grundlegend anders ist als die des bisher im Einsatz befindlichen Protokolls, ist von einem größeren Migrationsaufwand auszugehen, der die Agenten davon abhalten könnte, den Mechanismus einzusetzen. Andererseits besagt die Protokollkompatibilität auch, dass die Netzwerkkomplexität eines Mechanismus von vergleichbarer Größenordnung sein sollte wie die des bisherigen Protokolls. Deshalb werden wir im Folgenden die Netzwerkkomplexität des Mechanismus für Interdomain Routing nicht nur absolut, sondern auch relativ zu der des Border-Gateway-Protokolls betrachten.

4.4.2 Analyse des Mechanismus für Interdomain Routing

In diesem Abschnitt soll der Mechanismus für Interdomain Routing gemäß dem vorgestellten Ansatz der Netzwerkkomplexität analysiert werden. Wir beschränken uns dabei auf die Konstruktionsphase, in der die Routing- und Zahlungstabellen berechnet werden.

Betrachten wir zunächst die Komplexität des klassischen Border-Gateway-Protokolls ohne Zahlungsmechanismus [35]. Sei k der maximale Grad der Knoten aus V, n die Anzahl an Knoten und d der Durchmesser des Graphen G. In jedem Berechnungsschritt erhält der Knoten von jedem Nachbarn maximal eine Nachricht mit Aktualisierungen dessen Routing-Tabelle. Diese Nachricht enthält im maximalen Fall sämtliche Einträge der Routing-Tabelle und ist damit von Größe $O(nd)$. Aufgrund der inkrementellen Updates, bei denen nur aktualisierte Werte versendet werden, wird im Normalfall die Nachricht aber deutlich kleiner sein. Der Knoten vergleicht die aktualisierten Einträge seiner maximal k Nachbarn mit seinen eigenen Werten und ändert, falls nötig, seine Routing-Tabelle. Für einen einzelnen Wert ist dieser Schritt in konstanter Zeit möglich. Damit ergibt sich ein Berechnungsaufwand pro Schritt und Knoten von $O(k \cdot nd)$. Es ist leicht ersichtlich, dass die Routing-Tabellen nach höchstens d Berechnungsschritten konvergieren. Damit beläuft sich der gesamte Berechnungsaufwand pro Knoten auf $O(k \cdot nd^2)$.

Pro Berechnungsschritt wird über jede Kante $e \in E$ des Graphen eine konstante Zahl von Nachrichten gesendet. Insgesamt werden also über jede Kante $O(d)$ Nachrichten übermittelt. Die Gesamtzahl aller versendeten Nachrichten ist damit $O(|E|d)$.

An diesen Werten, die im praktischen Einsatz realisierbar sind, müssen wir den einfachen anreizkompatiblen Mechanismus für Interdomain Routing [35] und den Mechanismus mit den Erweiterungen für *Faithfulness* [87] messen.

Betrachten wir zunächst den Border-Gateway-basierten Mechanismus von Feigenbaum et al. [35], der ohne Checker-Knoten und Kryptographie auskommt, damit aber nicht *faithful* ist. Wir nehmen den Berechnungsaufwand, den ein Agent in Konstruktionsphase I für seine Typdeklaration hat, als konstant an. Er trägt seinen Typen in seine Kostentabelle ein und sendet die veränderte Tabelle an jeden seiner maximal k Nachbarn. In den folgenden Schritten müssen die Kostendeklarationen weitergeleitet werden, so dass am Ende der Konstruktionsphase I jeder Agent über eine vollständige Kostentabelle verfügt. Pro Schritt erhält ein Agent maximal k Nachrichten mit den Kostentabellen seiner Nachbarn, die jeweils von Größe $O(n)$ sind. Diese vergleicht er in $O(kn)$ Schritten mit seiner eigenen Kostentabelle und trägt in diese alle neuen Werte ein. Falls sich seine eigene Kostentabelle verändert hat, sendet er an alle Nachbarn eine Update-Nachricht. Es ist leicht zu sehen, dass die Kostentabellen nach d Schritten konvergieren. Damit ist der gesamte Aufwand für Berechnung und Weiterleitung pro Knoten $O(knd)$. Pro Schritt werden über eine Kante $O(1)$ Nachrichten versendet, pro Kante insgesamt also $O(d)$. Die Gesamtzahl der im Netzwerk gesendeten Nachrichten beläuft sich damit auf $O(|E|d)$.

In der darauf folgenden Konstruktionsphase II werden die Routing- und Zahlungstabellen berechnet. Hier haben wir pro Schritt dieselbe Anzahl an Nachrichten wie im Border-Gateway-Protokoll. Da in den Nachrichten neben Routing-Updates aber auch Updates der Zahlungstabellen versendet werden, sind die Nachrichten um einen konstanten Faktor größer. Damit ist auch der Berechnungsaufwand pro Schritt um einen konstanten Faktor vergrößert.

Feigenbaum et al. zeigen, dass der Mechanismus unter Umständen eine größere Zahl an Berechnungsschritten benötigt als das BGP-Protokoll [35]. Der Grund dafür liegt darin, dass für die VCG-Zahlungsfunktion nicht nur die kürzesten Pfade zwischen allen Knoten berechnet werden, sondern auch die alternativen kürzesten Pfade, an denen ein bestimmter Knoten nicht beteiligt ist. Sei $|P_{-i}(t, a, b)|$ die Anzahl von Knoten auf dem günstigsten i-vermeidenden Pfad von a nach b. Der BGP-basierte Mechanismus konvergiert erst nach $d' = \max_{a,b,i \in V} |P_{-i}(t, a, b)|$ Schritten. Im Worst Case gilt $\frac{d'}{d} = \Omega(n)$. Damit wäre der Berechnungsaufwand des Mechanismus linear in der Anzahl der Agenten größer als der des darunter liegenden Protokolls.

Feigenbaum et al. zeigen aber, dass in realistischen Szenarien dieses Verhältnis $\frac{d'}{d}$ deutlich günstiger ist. Anhand eines Schnappschusses des Internetgraphen wird gezeigt, dass $d \approx 8$ und $d' \approx 11$. Somit kann davon ausgegangen werden, dass die Konvergenzzeit des Mechanismus nicht substanziell schlechter ist als die des zugrunde liegenden Protokolls.

Welche Veränderungen der Komplexität ergeben sich, wenn wir den Mechanismus mit den von Shneidman und Parkes in [87] vorgeschlagenen Konzepten (u.a. Einsatz von Checker-Knoten, Kryptographie) ergänzen, so dass er *faithful* ist? Shneidman und Parkes stellen in [87] keine Analyse ihres Mechanismus vor. Diese ist jedoch leicht durchführbar:

Jeder Knoten wird von allen seinen Nachbarn überwacht. Diese führen als Checker-Knoten alle Berechnungen des Hauptknoten redundant aus. Jede Berechnung des Mechanismus ohne Checker-Knoten wird damit $O(k)$ mal ausgeführt. Der gesamte Berechnungsaufwand pro Knoten beläuft sich somit auf $O(k^2 nd'^2)$. Das Nachrichtenaufkommen pro Link und das gesamte Nachrichtenaufkommen steigen um $O(k)$, weil ein Hauptknoten jede Nachricht, die er bekommt, an alle seine Checker-Knoten weiterleiten muss.

Wir gehen davon aus, dass die kryptographisch signierte Übermittlung der Tabellen an die Bank, die dadurch Manipulationen aufdeckt, selten genug stattfindet, um nicht ins Gewicht zu fallen. Außerdem müssen dabei nicht die kompletten Tabellen übermittelt werden: Für die nötigen Vergleiche ist eine Prüfsumme ausreichend.

4.4.3 Protokollkompatibilität

Die im vorigen Abschnitt vorgestellten Ergebnisse der Netzwerkkomplexität finden sich für alle drei Protokolle bzw. Mechanismen zusammengefasst in Tabelle 4.2. Unter der

Tabelle 4.2. Worst Case-Netzwerkkomplexität der besprochenen Protokolle/Mechanismen

	BGP (vereinfacht)	**Mechanismus aus [35]**	**Mechanismus mit *Faithfulness* [87]**
Berechnungskomplexität	$O(knd^2)$	$O(knd'^2)$	$O(k^2nd'^2)$
Nachrichten pro Link	$O(d)$	$O(d)$	$O(kd)$
Nachrichten insgesamt	$O(|E|d)$	$O(|E|d)$	$O(k|E|d)$
Nachrichten-Größe	$O(nd)$	$O(nd)$	$O(nd)$

Annahme, dass d' von derselben Größenordnung ist wie d, was – wie oben dargestellt – im heutigen Internet realistisch erscheint, sehen wir, dass die Komplexität des Mechanismus aus [35] von derselben Größenordnung ist wie die des darunter liegenden BGP-Protokolls. Darüber hinaus ist der Mechanismus sowohl in den Berechnungs- als auch den Kommunikationsstrukturen dem Border-Gateway-Protokoll sehr ähnlich. So lässt sich der Mechanismus tatsächlich als einfache Erweiterung eines Standard-Internetprotokolls und damit als protokollkompatibel bezeichnen. Der Mechanismus ist allerdings nicht *faithful*, also nicht robust gegenüber allen rationalen Manipulationsmöglichkeiten der Agenten.

Beim Mechanismus mit *Faithfulness* [87] sind alle Aspekte mit Ausnahme der Nachrichtengröße um den Faktor $O(k)$ komplexer. k ist der maximale Grad der Knoten aus V. Der Wert k kann somit im Worst Case in $O(n)$ liegen, was eine deutliche Steigerung der Netzwerkkomplexität relativ zu den anderen Protokollen/Mechanismen darstellt. Untersuchungen des Internet-Graphen zeigen, dass der maximale

Knotengrad tatsächlich annähernd proportional zur Anzahl der Knoten wächst. Bei Statistiken des Internetgraphen, die über einen Zeitraum von zwei Jahren wiederholt erhoben wurden [41], lag der Quotient von maximalem Knotengrad und der Anzahl an autonomen Systemen im AS-Graphen annähernd identisch bei ca. 0,22. k scheint damit tatsächlich linear von n abzuhängen – ein für die Protokollkompatibilität schlechtes Ergebnis. Relativierend muss aber angemerkt werden, dass diese starke Komplexitätsverschlechterung nur eine sehr geringe Zahl von Knoten betrifft, da dieser Untersuchung zufolge der *durchschnittliche* Knotengrad relativ stabil bei ca. 4,2 liegt.

Der Mechanismus mit *Faithfulness*, der redundante Berechnung und Kryptographie einsetzt, ist außerdem von deutlich anderer algorithmischer Struktur und Kommunikationsstruktur. Insofern muss seine Kompatibilität zu BGP und damit auch seine Durchsetzbarkeit als deutlich geringer eingestuft werden als die des Mechanismus, der nicht *faithful* ist. Diese geringere Kompatibilität ist vermutlich auch in anderen Fällen der Preis, der für einen verteilten Mechanismus, der *faithful* ist, bezahlt werden muss. In diesem Zusammenhang ist weitere Forschung nötig.

Der Mechanismus für Interdomain Routing, der uns in diesem Kapitel begleitet hat, eignet sich sehr gut als Anschauungsbeispiel für die zentralen Konzepte des Distributed Mechanism Design und stellt einen bedeutenden Fortschritt in der Forschung dar. Obwohl ein existierendes Protokoll als Basis verwendet wird, ist der Mechanismus dennoch keine Lösung, die so direkt im Internet umsetzbar wäre. Zum einen ist der Mechanismus nicht vollständig verteilt, da die Bank weiterhin ein zentraler Knoten ist. Zweitens müssen die Agenten ihre Typen allen anderen Agenten bekannt geben, was aus Wettbewerbsgründen unter Umständen nicht erwünscht ist. Drittens ist ein Preismodell, das einen Preis pro Nachricht festsetzt, unter Umständen im praktischen Einsatz nicht das beste Modell. Außerdem liegen dem Mechanismus zahlreiche vereinfachende Annahmen zugrunde: Der Graph muss statisch sein und im Gegensatz zu BGP unterstützt der Mechanismus keine allgemeinen Routing-Policies, sondern nur Least-Coast-Routing. Darüber hinaus ist der Mechanismus nicht gruppenstrategisch robust, also nicht gegenüber Manipulationen von *Koalitionen* von Agenten geschützt. Von einer Bildung von Koalitionen zur Steigerung des individuellen Nutzens muss im Internet dagegen ausgegangen werden. All diese Einschränkungen zeigen, dass es sich bei Algorithmic Mechanism Design, und insbesondere bei Distributed Mechanism Design, um ein Feld handelt, das sich mitten in der Herausbildung befindet, noch viele Forschungsfragen offen lässt und das sich auch in naher Zukunft rasant weiterentwickeln wird.

5

Zusammenfassung

Der Ausgangspunkt von Algorithmic Mechanism Design ist eine neue sozioökonomische Komplexität heutiger Computersysteme wie beispielsweise des Internets. In diesen Systemen tritt ein neues, traditionell in der informatischen Modellierung nicht betrachtetes Verhalten auf: Die Akteure verhalten sich den anderen Agenten gegenüber nicht bösartig, sind aber egoistisch auf die Maximierung des eigenen Nutzens hin ausgerichtet. Algorithmic Mechanism Design argumentiert, dass dies das vorherrschende Verhalten der Teilsysteme im Internet ist. Dies erfordert neue Paradigmen für die Entwicklung von verteilten Algorithmen und Protokollen. Von den Agenten kann nämlich nicht erwartet werden, dass sie ein Protokoll oder einen Algorithmus in jedem Fall so befolgen, wie dies vom Entwickler vorgesehen ist. Ergibt sich durch eine Abweichung ein individueller Vorteil, muss davon ausgegangen werden, dass der Agent dies ausnützt. Dadurch ist nicht mehr gewährleistet, dass das Protokoll oder der verteilte Algorithmus zu dem aus Gesamtsicht gewünschten Ergebnis kommt.

Dieses eigennützige Verhalten, das für die Informatik in dieser Form neu ist, wird seit langem in der Mikroökonomie untersucht, die mit Mechanismusdesign ein Rahmenwerk zur Kontrolle eigennützigen Verhaltens entwickelt hat. Hier wird ein sogenannter Mechanismus konstruiert, der gegenüber eigennützigen Manipulationen der Agenten robust ist, indem gezielt ein bestimmtes Anreizsystem etabliert wird. Dieses genau ausgeklügelte Anreizsystem beinhaltet üblicherweise ausgleichende Geldzahlungen und bewegt die Agenten dazu, sich aus freier Entscheidung und trotz ihres Egoismus so wie vom Designer gewünscht zu verhalten. Ein Mechanismus, der dies garantiert, heißt anreizkompatibel, da das Agentenverhalten durch Anreize kompatibel mit dem gewünschten Verhalten gemacht wird.

Diese Mechanismen sind also einerseits ein hilfreiches Instrument, um Algorithmen und Protokolle in heterogenen Umgebungen wie dem Internet gegen Manipulationen zu sichern. Andererseits sind auch die Mechanismen selbst Untersuchungsgegenstand informatischer Forschung geworden, da sie komplexe Fragen des Zusammenspiels spieltheoretischer Eigenschaften und algorithmischer Komplexität aufwerfen.

Die in der Literatur am häufigsten diskutierte Anwendung von Algorithmic Mechanism Design ist das Problem des Routing durch unabhängige Teilnetze. Jedes dieser Teilnetze stellt für den mit der Weiterleitung einer fremden Nachricht verbundenen Aufwand einen bestimmten Betrag in Rechnung. Gesucht ist der günstigste Pfad von einer Quelle zu einem Ziel, wobei verhindert werden soll, dass die Teilnetze willkürlich hohe Preise verlangen. Im zweiten Kapitel haben wir einen einfachen Mechanismus vorgestellt, der diese Aufgabe löst. Eine Ausgleichszahlung, die nach dem Vickrey-Clarke-Groves-Schema berechnet wird, führt dazu, dass alle Teilnetze ihren individuellen Nutzen dann maximieren, wenn sie einen korrekten Preis deklarieren. Diese Ausgleichszahlung folgt dem einfachen Vickrey-Prinzip einer öffentlichen Ausschreibung, bei der derjenige Bieter den Auftrag erhält, der das günstigste Angebot gemacht hat, er jedoch den höheren Preis des zweitgünstigsten Angebots eines anderen Bieters erhält. Dadurch hat ein Teilnetz kein Interesse mehr an einer zu hohen Preisdeklaration, da der bestmögliche „Betrug" automatisch vorgenommen wird. Dieser einfache Ansatz ist bei einer großen Klasse von Problemstellungen anwendbar. Sein Nachteil ist jedoch, dass je nach Situation sehr hohe Zahlungen notwendig werden können.

Mechanismen erfordern meist einen höheren Berechnungsaufwand als das zu Grunde liegende algorithmische Problem. Neben der Komplexität, das Ergebnis der Problemstellung zu bestimmen, müssen die Akteure nämlich auch ihren eigenen Typen (d. h. ihre Preisdeklaration) und ihre Strategie bestimmen, was je nach Aufgabenstellung komplex sein kann. Außerdem müssen die Akteure auch mit dem Mechanismus kommunizieren. Auch hier gibt es Situationen, bei denen der Aufwand hoch ist.

Wir haben gesehen, dass der erste Beispielmechanismus für das Routingproblem von geringer Komplexität ist. Unser zweites Beispiel, das kombinatorische Auktionsproblem, stellt uns dagegen vor Herausforderungen in allen drei Komplexitätsbereichen. Die kombinatorische Auktion ist eine spezielle Auktionsform, bei der Gebote nicht nur auf einzelne zu versteigernde Objekte, sondern auf Kombinationen von Objekten abgegeben werden können. Eine optimale Problemlösung ist NP-hart. Dies erfordert bei einer größeren Anzahl von Objekten den Rückgriff auf Approximationsalgorithmen. Hier zeigt sich jedoch, dass spieltheoretische und algorithmische Aspekte eng miteinander verzahnt sind. Die sehr häufig verwendete Klasse von Vickrey-

Clarke-Groves-Mechanismen, die allgemein anwendbar ist, kann nämlich im Normalfall nur mit exakten, nicht jedoch mit approximativen Algorithmen verwendet werden. Daraus folgt, dass bei approximativen Algorithmen zur Ergebnisbestimmung Mechanismen meist nicht mehr für allgemeine, sondern nur für eine konkrete Problemstellung entwickelt werden können. Für die Problemstellung der kombinatorischen Auktion haben wir aktuelle Lösungsansätze kennen gelernt. Diese setzen meist ausgeklügelte Algorithmen ein, die auf Randomisierung, Greedy-Verfahren sowie der Relaxierung des ganzzahligen Optimierungsproblems beruhen.

Auch die Typberechnung auf Seite der Agenten und die Kommunikation ist bei der kombinatorischen Auktion von hoher Komplexität. Die Typberechnung und -übermittlung kann häufig vereinfacht werden, indem die Agenten nicht ihren vollständigen Typ (d. h. Gebote für jede beliebige Kombination von zu versteigernden Objekten) ermitteln. Denn dieser Aufwand wäre exponentiell in der Anzahl der zu versteigernden Objekte. Stattdessen können iterative Mechanismen konstruiert werden, die nur genau die Informationen abfragen, die zur Lösung des Problems benötigt werden. Ein anderer Ansatz besteht darin, dass Agenten ein formales Gebotsprogramm formulieren, das ihre Bewertungen beinhaltet. Dieses wird an den Mechanismus übermittelt und von diesem ausgeführt.

Protokolle und Algorithmen in verteilten Systemen wie dem Internet oder Peer-to-Peer-Netzen sind häufig so konstruiert, dass sie keinen zentralen Knoten mit besonderen Eigenschaften benötigen. Stattdessen arbeiten sie vollkommen verteilt, so dass jeder Akteur einen Teil zum Gesamtergebnis beisteuert. Dies ist beispielsweise beim Border-Gateway-Protokoll (BGP) der Fall, dem De-Facto-Standard für das Routing zwischen verschiedenen Teilnetzen im Internet. Hier übernimmt jedes Teilnetz einen Teil der Berechnungen der kürzesten Wege zwischen allen Teilnetzen. Das Gesamtergebnis wird dann aus den Teilergebnissen zusammengesetzt. Ein zentraler Mechanismus, so wie wir ihn zunächst diskutiert haben, ist diesem vollständig verteilten Szenario eher weniger angepasst. Wir haben deshalb im vierten Kapitel die Konstruktion von verteilten Mechanismen diskutiert und einen Mechanismus vorgestellt, der auf das Border-Gateway-Protokoll aufsetzt.

Bei einem solchen verteilten Mechanismus übernehmen die Agenten Teile der Berechnung von Ergebnis- und Zahlungsfunktionen und darüber hinaus auch Kommunikationsaufgaben bei der Weiterleitung der Teilergebnisse. Damit ergeben sich für sie jedoch deutlich größere Spielräume zur Manipulation des Protokolls als bei einem zentralisierten Mechanismus, der das Ergebnis selbst bestimmt und direkt mit den Akteuren kommuniziert. Solche Manipulationen können durch eine komplexere Konstruktion des Anreizsystems verhindert werden, beispielsweise durch Partitionierung der Berechnung, Kryptographie und Redundanz in Kombination mit einer Bestrafung von Manipulationsversuchen. Diese wurden auch in unserem Beispielmechanismus für BGP-basiertes Routing eingesetzt. Dieser Mechanismus ist von praktikabler algorithmischer Komplexität, setzt jedoch deutlich andere Strukturen voraus als das zugrunde liegende Border-Gateway-Protokoll. Für den praktischen Einsatz eines Mechanismus im Internet ist diese Protokollkompatibilität aber mindestens genauso wichtig wie die algorithmische Komplexität. Deshalb ist die Protokollkompatibilität ein Bestandteil des Komplexitätsmodells für verteilte Mechanismen, das im vierten Kapitel vorgestellt wurde. Eine wesentliche Forschungsfrage zu verteilten Mechanismen ist nach wie vor ungeklärt. Der verteilte Mechanismus benötigt nämlich immer noch einen zentralen Knoten einer Bank, die die Zahlungen verbucht.

Derzeit ist eine erste Konsolidierung von Algorithmic Mechanism Design zu beobachten. Dies macht sich u.a. daran bemerkbar, dass Algorithmic Mechanism Design von anderen Forschungsgebieten auch außerhalb der Algorithmik aufgenommen wird, insbesondere im Feld der Peer-to-Peer-Netzwerke. Auch das Modell des Agentenverhaltens wird zunehmend mehr der Realität gerecht. Während zunächst (wie der Klarheit wegen auch in diesem Buch) nur rationales eigennütziges Agentenverhalten modelliert wurde, dem darüber hinaus längerfristige strategische Überlegungen über eine einzelne Spielrunde hinaus fremd waren, werden inzwischen auch komplexere Ansätze diskutiert. Bei diesen wird beispielsweise nicht nur von rationalen Agenten ausgegangen, sondern auch vom Vorhandensein von altruistischen Agenten und von bösartigen, sogenannten byzantinischen, Agenten (z. B. [62, 78]). In gewisser Weise werden hier nun also die Blickwinkel der Mikroökonomie und der Forschung zu verteilten Systemen gepaart.

Obwohl die Forschung zu Algorithmic Mechanism Design zunächst von ausgeprägt theoretischer Natur war, werden bereits heute Mechanismen in Computersystemen für Endanwender eingesetzt. Ersten praktischen Einsatz finden Mechanismen beispielsweise in fast allen Plattformen für Online-Auktionen [89]. Elektronische Agenten, die automatisch das Gebot eines Anwenders erhöhen, wenn es ein anderes höheres Gebot gibt, kombinieren das Prinzip der Vickrey-Auktion mit der üblicheren englischen Auktion. Das Protokoll der Peer-to-Peer-Filesharing-Plattform Bit-Torrent [11] beinhaltet ebenfalls einfache Ansätze von Mechanismusdesign, die verhindern, dass Akteure zwar Dateien von anderen Nutzern herunterladen, selbst jedoch keine Dateien zum Upload anbieten (Free-Riding) [10].

Trotz erstem Eingang in die Praxis wird aber noch einige Zeit vergehen, bis die Forschungsergebnisse zum Algorithmic Mechanism Design in breiterem Umfang eingesetzt werden. Dies liegt nicht zuletzt darin begründet, dass Mechanismen häufig eine deutlich andere Struktur besitzen als darunter liegende traditionelle Algorithmen und Protokolle. Die Veränderungen, die auf Grund der geringen Protokollkompatibilität erforderlich werden, sind in komplexen Systemen aber häufig nur schwer und langwierig zu verwirklichen. Darüber hinaus sind nach wie vor eine große Zahl von wesentlichen Forschungsfragen, speziell zu verteilten Mechanismen, ungeklärt. Algorithmic Mechanism Design wird also auch weiterhin ein aktives Forschungsfeld bleiben. Wir dürfen gespannt sein auf einen breiteren praktischen Einsatz von Mechanismen und auf ein noch tieferes theoretisches Verständnis der Phänomene im Schnittbereich von Spieltheorie und Informatik.

Literaturverzeichnis

1. ABRAHAM, ITTAI, DANNY DOLEV, RICA GONEN und JOE HALPERN: *Distributed computing meets game theory: robust mechanisms for rational secret sharing and multiparty computation.* In: *PODC '06: Proceedings of the twenty-fifth annual ACM symposium on Principles of distributed computing*, Seiten 53–62, New York, NY, USA, 2006. ACM.

2. ADAR, EYTAN und BERNARDO HUBERMANN: *Free Riding on Gnutella.* First Monday, 5(10), Oktober 2000.

3. ANDEREGG, LUZI und STEPHAN EIDENBENZ: *Ad hoc-VCG: a truthful and cost-efficient routing protocol for mobile ad hoc networks with selfish agents.* In: *MobiCom '03: Proceedings of the 9th annual international conference on Mobile computing and networking*, Seiten 245–259. ACM Press, 2003.

4. ANSHELEVICH, ELLIOT, ANIRBAN DASGUPTA, EVA TARDOS und TOM WEXLER: *Near-optimal network design with selfish agents.* In: *Proceedings of the thirty-fifth annual ACM symposium on Theory of computing*, Seiten 511–520. ACM Press, 2003.

5. ARCHER, AARON, CHRISTOS PAPADIMITRIOU, KUNAL TALWAR und EVA TARDOS: *An approximate truthful mechanism for combinatorial auctions with single parameter agents.*

In: *SODA '03: Proceedings of the fourteenth annual ACM-SIAM symposium on Discrete algorithms*, Seiten 205–214. Society for Industrial and Applied Mathematics, 2003.

6. ARCHER, AARON und EVA TARDOS: *Frugal Path Mechanisms*. ACM Transactions on Algorithms, 3(1), 2007.

7. ARROW, KENNETH: *The property rights doctrine and demand revelation under incomplete information*. In: BOSKIN, M. (Herausgeber): *Economics and Human Welfare*. Academic Press, 1979.

8. AULETTA, VINCENZO, ROBERTO DE PRISCO, PAOLO PENNA und PINO PERSIANO: *How to route and tax selfish unsplittable traffic*. In: *Proceedings of the sixteenth annual ACM symposium on Parallelism in algorithms and architectures*, Seiten 196–205. ACM Press, 2004.

9. BAR-YOSSEF, ZIV, KIRSTEN HILDRUM und FELIX WU: *Incentive-compatible online auctions for digital goods*. In: *Proceedings of the thirteenth annual ACM-SIAM symposium on Discrete algorithms*, Seiten 964–970. Society for Industrial and Applied Mathematics, 2002.

10. BHARAMBE, ASHWIN R., CORMAC HERLEY und VENKATA N. PADMANABHAN: *Analyzing and Improving BitTorrent Performance*. Technischer Bericht MSR-TR-2005-03, Microsoft Research, 2005.

11. BITTORRENT. http://www.bittorrent.com/.

12. BLUMROSEN, LIAD und NOAM NISAN: *On the Computational Power of Iterative Auctions I: Demand Queries*. In: *Proceedings of the sixth ACM Conference on Electronic Commerce (EC'05)*. ACM Press, erscheint in 2005.

13. BRAESS, DIETRICH: *Über ein Paradoxon aus der Verkehrsplanung*. Unternehmensforschung, 12:258–268, 1969.

14. BRIEST, PATRICK, PIOTR KRYSTA und BERTHOLD VÖCKING: *Approximation techniques for utilitarian mechanism design*. In: *STOC '05: Proceedings of the thirty-seventh annual ACM symposium on Theory of computing*, Seiten 39–48, New York, NY, USA, 2005. ACM.

15. BYKOWSKY, MAK M., ROBERT J. CULL und JOHN O. LEDYARD: *Mutually destructive bidding: The FCC auction de-*

sign problem. Journal of Regulatory Economics, 17(3):205–228, 2000.

16. CAVALLO, RUGGIERO: *Optimal decision-making with minimal waste: strategyproof redistribution of VCG payments.* In: *AAMAS '06: Proceedings of the fifth international joint conference on Autonomous agents and multiagent systems,* Seiten 882–889, New York, NY, USA, 2006. ACM.

17. CLARKE, E. H.: *Multipart Pricing of Public Goods.* Public Choice, XI:17–33, 1971.

18. COLE, RICHARD, YEVGENIY DODIS und TIM ROUGHGARDEN: *How much can taxes help selfish routing?* In: *Proceedings of the 4th ACM conference on Electronic commerce,* Seiten 98–107. ACM Press, 2003.

19. CONEN, WOLFRAM und TUOMAS SANDHOLM: *Differential-revelation VCG mechanisms for combinatorial auctions.* In: *Proceedings of the 4th ACM conference on Electronic commerce,* Seiten 196–197. ACM Press, 2003.

20. CONITZER, VINCENT und TUOMAS SANDHOLM: *Computational criticisms of the revelation principle.* In: *Proceedings of the 5th ACM conference on Electronic commerce,* Seiten 262–263. ACM Press, 2004.

21. CORMEN, THOMAS H., CHARLES E. LEISERSON, RONALD L. RIVEST und CLIFFORD STEIN: *Introduction to Algorithms.* MIT Press and McGraw-Hill, Zweite Auflage, 2001.

22. CZUMAJ, ARTUR und AMIR RONEN: *On the expected payment of mechanisms for task allocation.* In: *Proceedings of the twenty-third annual ACM symposium on Principles of distributed computing,* Seiten 98–106. ACM Press, 2004.

23. DASH, RAJDEEP, DAVID PARKES und NICHOLAS JENNINGS: *Computational Mechanism Design: A Call to Arms.* IEEE Intelligent Systems, 18 (6):40–47, 2003.

24. D'ASPREMONT, CLAUDE und LOUIS-ANDRÉ GÉRARD-VARET: *Incentives and incomplete Information.* Journal of Public Economics, 11:25–45, 1979.

25. DIJKSTRA, EDSGER: *A note on two problems in connexion with graphs.* Numerische Mathematik, 1:269–271, 1959.

26. DOBZINSKI, SHAHAR und NOAM NISAN: *Approximations by Computationally-Efficient VCG-Based Mechanisms*. In: *Electronic Colloquium on Computational Complexity*, 2006.

27. DOBZINSKI, SHAHAR, NOAM NISAN und MICHAEL SCHAPIRA: *Approximation algorithms for combinatorial auctions with complement-free bidders*. In: *STOC '05: Proceedings of the thirty-seventh annual ACM symposium on Theory of computing*, Seiten 610–618, New York, NY, USA, 2005. ACM.

28. DOBZINSKI, SHAHAR, NOAM NISAN und MICHAEL SCHAPIRA: *Truthful randomized mechanisms for combinatorial auctions*. In: *STOC '06: Proceedings of the thirty-eighth annual ACM symposium on Theory of computing*, Seiten 644–652, New York, NY, USA, 2006. ACM.

29. DOBZINSKI, SHAHAR und MICHAEL SCHAPIRA: *An improved approximation algorithm for combinatorial auctions with submodular bidders*. In: *SODA '06: Proceedings of the seventeenth annual ACM-SIAM symposium on Discrete algorithm*, Seiten 1064–1073, New York, NY, USA, 2006. ACM.

30. ELKIND, EDITH: *True costs of cheap labor are hard to measure: edge deletion and VCG payments in graphs*. In: *EC '05: Proceedings of the 6th ACM conference on Electronic commerce*, Seiten 108–116, New York, NY, USA, 2005. ACM.

31. ELKIND, EDITH, AMIT SAHAI und KEN STEIGLITZ: *Frugality in path auctions*. In: *Proceedings of the fifteenth annual ACM-SIAM symposium on Discrete algorithms*, Seiten 701–709. Society for Industrial and Applied Mathematics, 2004.

32. FABRIKANT, ALEX, CHRISTOS PAPADIMITRIOU und KUNAL TALWAR: *The complexity of pure Nash equilibria*. In: *Proceedings of the thirty-sixth annual ACM symposium on Theory of computing*, Seiten 604–612. ACM Press, 2004.

33. FALTINGS, BOI: *A Budget-Balanced, Incentive-Compatible Scheme for Social Choice*. In: *Agent-Mediated Electronic Commerce VI*, Seiten 30–43, 2006.

34. FEIGE, URIEL: *On maximizing welfare when utility functions are subadditive*. In: *STOC '06: Proceedings of the thirty-eighth annual ACM symposium on Theory of computing*, Seiten 41–50, New York, NY, USA, 2006. ACM.

35. FEIGENBAUM, JOAN, CHRISTOS PAPADIMITRIOU, RAHUL SAMI und SCOTT SHENKER: *A BGP-based mechanism for lowest-cost routing*. In: *Proceedings of the twenty-first annual symposium on Principles of distributed computing*, Seiten 173–182. ACM Press, 2002.

36. FEIGENBAUM, JOAN, CHRISTOS PAPADIMITRIOU, RAHUL SAMI und SCOTT SHENKER: *A BGP-based mechanism for lowest-cost routing*. Distributed Computing, 18(1):61–72, 2005.

37. FEIGENBAUM, JOAN, CHRISTOS PAPADIMITRIOU und SCOTT SHENKER: *Sharing the cost of muliticast transmissions*. In: *Proceedings of the thirty-second annual ACM symposium on Theory of computing*, Seiten 218–227. ACM Press, 2000.

38. FEIGENBAUM, JOAN, RAHUL SAMI und SCOTT SHENKER: *Mechanism design for policy routing*. In: *Proceedings of the twenty-third annual ACM symposium on Principles of distributed computing*, Seiten 11–20. ACM Press, 2004.

39. FEIGENBAUM, JOAN und SCOTT SHENKER: *Distributed algorithmic mechanism design: recent results and future directions*. In: *Proceedings of the 6th international workshop on Discrete algorithms and methods for mobile computing and communications*, Seiten 1–13. ACM Press, 2002.

40. FELDMAN, MICHAL, KEVIN LAI, ION STOICA und JOHN CHUANG: *Robust incentive techniques for peer-to-peer networks*. In: *EC '04: Proceedings of the 5th ACM conference on Electronic commerce*, Seiten 102–111. ACM Press, 2004.

41. GE, ZIHUI, DANIEL RATTON FIGUEIREDO, SHARAD JAISWAL und LIXIN GAO: *On the hierarchical structure of the logical Internet graph*. In: *Proc. SPIE ITCOM*, 2001.

42. GIBBARD, ALLAN: *Manipulation of Voting Schemes: A General Result*. Econometrica, 41:587–602, 1973.

43. GOLDBERG, ANDREW V., JASON D. HARTLINE und ANDREW WRIGHT: *Competitive auctions and digital goods*. In: *SODA '01: Proceedings of the twelfth annual ACM-SIAM symposium on Discrete algorithms*, Seiten 735–744. Society for Industrial and Applied Mathematics, 2001.

44. GOLLE, PHILIPPE, KEVIN LEYTON-BROWN und ILYA MIRONOV: *Incentives for sharing in peer-to-peer networks*. In: *EC '01: Proceedings of the 3rd ACM conference on Electronic Commerce*, Seiten 264–267. ACM Press, 2001.

45. GRIFFIN, TIMOTHY G. und GORDON WILFONG: *An analysis of BGP convergence properties*. In: *SIGCOMM '99: Proceedings of the conference on Applications, technologies, architectures, and protocols for computer communication*, Seiten 277–288. ACM Press, 1999.

46. GROVES, THEODOR: *Incentives in Teams*. Econometrica, 41:617–631, 1973.

47. HERSHBERGER, J. und S. SURI: *Vickrey Prices and Shortest Paths: What is an Edge Worth?* In: *Proceedings of the 42nd IEEE symposium on Foundations of Computer Science*, Seite 252. IEEE Computer Society, 2001.

48. HOLLER, MANFRED J. und GERHARD ILLING: *Einführung in die Spieltheorie*. Springer, 1991.

49. HURVICZ, LEONID: *On informationally decentralized systems*. In: MCGUIRE, C. und ROY RADNER (HRSG.) (Herausgeber): *Decision and Organization: A Volume in Honor of Jacob Marchak*. North-Holland, 1972.

50. HURVICZ, LEONID: *The Design of Mechanisms for Resource Allocation*. The American Economic Review, 63:1–30, 1973.

51. HURVICZ, LEONID: *On the Existence of Allocation Systems whose manipulative Nash equilibria are Pareto optimal*. Unveröffentlicht, 1975.

52. IZMALKOV, SERGEI, SILVIO MICALI und MATT LEPINSKI: *Rational Secure Computation and Ideal Mechanism Design*. In: *FOCS '05: Proceedings of the 46th Annual IEEE Symposium on Foundations of Computer Science*, Seiten 585–595, Washington, DC, USA, 2005. IEEE Computer Society.

53. KARGER, DAVID und EVDOKIA NIKOLOVA: *Brief announcement: on the expected overpayment of VCG mechanisms in large networks*. In: *PODC '05: Proceedings of the twenty-fourth annual ACM symposium on Principles of distributed computing*, Seiten 126–126, New York, NY, USA, 2005. ACM.

54. KHOT, SUBHASH, RICHARD J. LIPTON, EVANGELOS MARKAKIS und ARANYAK MEHTA: *Inapproximability Results for Combinatorial Auctions with Submodular Utility Functions*. In: DENG, XIAOTIE und YINYU YE (Herausgeber): *The First Workshop on Internet and Network Economics (WINE)*, Band 3828 der Reihe *Lecture Notes in Computer Science*, Seiten 92–101. Springer, 2005.

55. LAVI, RON und NOAM NISAN: *Competitive analysis of incentive compatible on-line auctions*. Theor. Comput. Sci., 310(1-3):159–180, 2004.

56. LAVI, RON und CHAITANYA SWAMY: *Truthful and Near-Optimal Mechanism Design via Linear Programming*. In: *FOCS '05: Proceedings of the 46th Annual IEEE Symposium on Foundations of Computer Science*, Seiten 595–604, Washington, DC, USA, 2005. IEEE Computer Society.

57. LEDYARD, JOHN O.: *Incentive compatibility*. In: EATWELL, JOHN, MURRAY MILGATE und PETER NEWMAN (Herausgeber): *Allocation, Information and Markets*. W.W.Norton, 1989.

58. LEHMANN, DANIEL, LIADAN O'CALLAGHAN und YOAV SHOHAM: *Truth Revelation in Approximately Efficient Combinatorial Auctions*. In: *Proceedings of the 1st ACM Conf. on Electronic Commerce (EC-99)*, Seiten 96–102. ACM Press, 1999.

59. MARTIN J. OSBORNE, ARIEL RUBINSTEIN: *A Course in Game Theory*. MIT press, 1994.

60. MAS-COLELL, ANDREU, MICHAEL D. WHINSTON und JERRY R. GREEN: *Microeconomic Theory*. Oxford University Press, 1995.

61. MONDERER, DOV und MOSHE TENNENHOLTZ: *Distributed games: from mechanisms to protocols*. In: *Proceedings of the sixteenth national conference on Artificial intelligence and the eleventh Innovative applications of artificial intelligence conference innovative applications of artificial intelligence*, Seiten 32–37. American Association for Artificial Intelligence, 1999.

62. MOSCIBRODA, THOMAS, STEFAN SCHMID und ROGER WATTENHOFER: *When selfish meets evil: byzantine players in a*

virus inoculation game. In: *PODC '06: Proceedings of the twenty-fifth annual ACM symposium on Principles of distributed computing*, Seiten 35–44, New York, NY, USA, 2006. ACM.

63. MU'ALEM, AHUVA und NOAM NISAN: *Truthful approximation mechanisms for restricted combinatorial auctions: extended abstract.* In: *Eighteenth national conference on Artificial intelligence*, Seiten 379–384. American Association for Artificial Intelligence, 2002.

64. MYERSON, ROGER B.: *Mechanism design.* In: EATWELL, JOHN, MURRAY MILGATE und PETER NEWMAN (Herausgeber): *Allocation, Information and Markets.* W.W.Norton, 1989.

65. NASH, JOHN: *Equilibrium Points in n-Person Games.* In: *Proceedings of the National Academy of Sciences*, Band 36, Seiten 48–49, 1950.

66. NISAN, NOAM: *Algorithms for Selfish Agents.* Lecture Notes in Computer Science, 1563:1–15, 1999.

67. NISAN, NOAM: *Bidding and allocation in combinatorial auctions.* In: *Proceedings of the 2nd ACM conference on Electronic commerce*, Seiten 1–12. ACM Press, 2000.

68. NISAN, NOAM: *Bidding Languages for Combinatorial Auctions.* In: CRAMTON, PETER, YOAV SHOHAM und RICHARD STEINBERG (Herausgeber): *Combinatorial Auctions.* MIT Press, erscheint in 2005.

69. NISAN, NOAM und AMIR RONEN: *Algorithmic mechanism design.* In: *Proceedings of the thirty-first annual ACM symposium on Theory of computing*, Seiten 129–140. ACM Press, 1999.

70. NISAN, NOAM und AMIR RONEN: *Computationally feasible VCG mechanisms.* In: *ACM Conference on Electronic Commerce*, Seiten 242–252. ACM Press, 2000.

71. NISAN, NOAM und ILYA SEGAL: *The communication requirements of efficient allocations and supporting Lindahl prices.* Arbeitsversion, 2003.

72. NISAN, NOAM und ILYA SEGAL: *Exponential communication inefficiency of demand queries.* Arbeitsversion, 2004.

73. PAPADIMITRIOU, CHRISTOS: *Algorithms, games, and the internet.* In: *Proceedings of the thirty-third annual ACM symposium on Theory of computing*, Seiten 749–753. ACM Press, 2001.

74. PARKES, DAVID C.: *Iterative Combinatorial Auctions: Achieving Economic and Computational Efficiency.* Doktorarbeit, Department of Computer and Information Science, University of Pennsylvania, Mai 2001.

75. PARKES, DAVID C. und JEFFREY SHNEIDMAN: *Distributed Implementations of Vickrey-Clarke-Groves Mechanisms.* In: *AAMAS '04: Proceedings of the Third International Joint Conference on Autonomous Agents and Multiagent Systems*, Seiten 261–268. IEEE Computer Society, 2004.

76. PARKES, DAVID C. und LYLE H. UNGAR: *Iterative Combinatorial Auctions: Theory and Practice.* In: *Proceedings of the Seventeenth National Conference on Artificial Intelligence and Twelfth Conference on Innovative Applications of Artificial Intelligence*, Seiten 74–81. AAAI Press / The MIT Press, 2000.

77. PETCU, ADRIAN, BOI FALTINGS und DAVID C. PARKES: *MDPOP: faithful distributed implementation of efficient social choice problems.* In: *AAMAS '06: Proceedings of the fifth international joint conference on Autonomous agents and multiagent systems*, Seiten 1397–1404, New York, NY, USA, 2006. ACM.

78. REEVES, DANIEL M., BETHANY M. SOULE und TEJASWI KASTURI: *Yootopia!* SIGecom Exch., 6(2):1–26, 2006.

79. REKHTER, YAKOV und TONY LI: *A Border Gateway Protocol 4 (BGP-4). RFC 1771*, 1995.

80. RONEN, AMIR: *Mechanism design with incomplete languages.* In: *Proceedings of the 3rd ACM conference on Electronic Commerce*, Seiten 105–114. ACM Press, 2001.

81. ROTHKOPF, MICHAEL H., ALEKSANDAR PEKEC und RONALD M. HARSTAD: *Computationally manageable combinational auctions.* Management Science, 44(8):1131–1147, 1998.

82. SAMI, RAHUL: *Distributed Algorithmic Mechanism Design.* Doktorarbeit, Yale University, 2003.

83. SANDHOLM, TUOMAS: *Algorithm for optimal winner determination in combinatorial auctions*. Artificial Intelligence, 135:1–54, 2002.

84. SANDHOLM, TUOMAS und SUBHASH SURI: *BOB: Improved winner determination in combinatorial auctions and generalizations*. Artificial Intelligence, 156:33–58, 2003.

85. SATTERTHWAITE, MARK: *Strategy-proofness and Arrow's conditions: Existence and correspondence theorems for voting procedures and social welfare functions*. Journal of Economic Theory, 10:187–217, 1975.

86. SHNEIDMAN, JEFFREY und DAVID C. PARKES: *Using redundancy to improve robustness of distributed mechanism implementations*. In: *Proceedings of the 4th ACM conference on Electronic commerce*, Seiten 276–277. ACM Press, 2003.

87. SHNEIDMAN, JEFFREY und DAVID C. PARKES: *Specification faithfulness in networks with rational nodes*. In: *Proceedings of the twenty-third annual ACM symposium on Principles of distributed computing*, Seiten 88–97. ACM Press, 2004.

88. SHNEIDMAN, JEFFREY, DAVID C. PARKES und LAURENT MASSOULÉ: *Faithfulness in internet algorithms*. In: *Proceedings of the ACM SIGCOMM workshop on Practice and theory of incentives in networked systems*, Seiten 220–227. ACM Press, 2004.

89. TUROCY, THEODORE L. und BERNHARD VON STENGEL: *Game Theory*. Technischer Bericht LSE-CDAM-2001-09, CDAM, London School of Economics, 2001.

90. VARIAN, HAL R.: *Economic Mechanism Design for Computerized Agents*. In: *Proc. of Usenix Workshop on Electronic Commerce*, July 1995.

91. VICKREY, WILLIAM: *Counterspeculation, Auctions, and Competitive Sealed Tenders*. The Journal of Finance, 16:8–37, 1961.

92. VISHNUMURTHY, VIVEK, SANGEETH CHANDRAKUMAR und EMIN G. SIRER: *KARMA : A Secure Economic Framework for P2P Resource Sharing*. In: *Proceedings of the 1st Workshop on Economics of Peer-to-Peer Systems*, 2003.

93. WANG, WEIZHAO, STEPHAN EIDENBENZ, YU WANG und XIANG-YANG LI: *OURS: optimal unicast routing systems in*

non-cooperative wireless networks. In: *MobiCom '06: Proceedings of the 12th annual international conference on Mobile computing and networking*, Seiten 402–413, New York, NY, USA, 2006. ACM.

94. YAO, ANDREW CHI-CHIH: *Protocols for Secure Computations (Extended Abstract)*. In: *FOCS*, Seiten 160–164, 1982.

95. ZHANG, YANCHAO, WENJING LOU, WEI LIU und YUGUANG FANG: *A secure incentive protocol for mobile ad hoc networks*. Wireless Networks, 13(5):569–582, 2007.

96. ZHONG, SHENG, LI ERRAN LI, YANBIN GRACE LIU und YANG RICHARD YANG: *On designing incentive-compatible routing and forwarding protocols in wireless ad-hoc networks: an integrated approach using game theoretic and cryptographic techniques*. Wireless Networks, 13(6):799–816, 2007.

Sachverzeichnis